辽宁省职业教育"十四五"规划教材
中国轻工业"十三五"规划教材

# 全屋定制家具设计

胡显宁　李金甲　主　编

王寅旭　杨　雪　李文杰　薛　超　副主编

尹满新　张　琦　杨　煜　参　编

U0241889

中国轻工业出版社

**图书在版编目（CIP）数据**

全屋定制家具设计 / 胡显宁，李金甲主编. —北京：
中国轻工业出版社，2024.1

中国轻工业"十三五"规划教材

ISBN 978-7-5184-3365-0

Ⅰ.①全… Ⅱ.①胡… ②李… Ⅲ.①家具—设计—高
等学校—教材 Ⅳ.①TS664.01

中国版本图书馆CIP数据核字（2020）第265316号

责任编辑：陈　萍　　责任终审：张乃東　　整体设计：锋尚设计
策划编辑：陈　萍　　责任校对：吴大朋　　责任监印：张　可

出版发行：中国轻工业出版社（北京鲁谷东街5号，邮编：100040）
印　　刷：艺堂印刷（天津）有限公司
经　　销：各地新华书店
版　　次：2024年1月第1版第4次印刷
开　　本：787×1092　1/16　印张：11
字　　数：230千字
书　　号：ISBN 978-7-5184-3365-0　定价：49.80元
邮购电话：010-85119873
发行电话：010-85119832　010-85119912
网　　址：http://www.chlip.com.cn
Email：club@chlip.com.cn
版权所有　侵权必究
如发现图书残缺请与我社邮购联系调换
232347J2C104ZBW

# 前言

目前，家居行业处于产业结构数字化转型期，相比传统家居行业，全屋定制、全案整装提出了现代家居一体化解决方案，已逐渐成为市场主流且发展迅速。全屋定制家具能够根据户型、环保、创新等因素，由设计师量身定制，能够有效利用家居空间，充分满足个性化需求。随着家居企业相继进入全屋定制，相关设计人才需求激增，以往传统的家具设计教材已不能满足需求，为了使人才培养能够紧跟行业发展、准确对接企业需求，特编写本教材。

本教材以项目为导向，结合互联网+家居云设计技术，按照室内空间的划分对全屋定制家具设计进行分类讲解，共分为八个项目：全屋定制家具设计基础，厨房空间家具设计，衣帽间空间家具设计，玄关空间家具设计，餐厅空间家具设计，书房空间家具设计，卧室空间家具设计，阳台空间家具设计。每个项目下设多个任务，首先对家具材料、五金配件进行介绍，然后讲解每个空间的基础知识和设计要点，再以实际户型案例为切入点，进行深入讲解和设计实操。案例中使用了酷家乐家居云设计软件进行在线设计，快速高效地出效果图，并以二维码的形式给出了案例空间的全景漫游图，之后是案例小结和同步练习。

本教材结合了当前全屋定制流行的设计风格和实际案例，并使用最新的家居云智能设计软件，与行业发展紧密结合，具有实用和新颖的双重特点，并且具备一定的行业前瞻性，非常适合室内和家具设计专业学生以及全屋定制设计师使用。本教材由胡显宁、李金甲主编，其中项目一、项目二由胡显宁编写，项目三、项目四、项目五由李金甲编写，项目六、项目七、项目八由编写组其他成员编写。此外，博洛尼家居全屋定制设计师郑佳文、酷家乐校园部总经理闫凤博均给予了教材编写技术上的指导和支持，在此表示感谢。

由于编者水平有限，书中难免有不足之处，请广大读者提出宝贵意见，以便日后修改和完善。

胡显宁

2020年12月

# 目 录

# 玄关空间家具设计

# 餐厅空间家具设计

# 书房空间家具设计

# 项目一
# 全屋定制家具设计基础

# 了解全屋定制家具

## 一、全屋定制家具的产生

定制家具最早出现在欧美国家，于20世纪80年代末传入我国。起初以整体橱柜的形式为主，出现了一大批橱柜定制企业。近年来，由于房地产市场飞速发展和居室装修热潮，定制家具发展逐渐壮大。全屋定制家具涵盖厨房、衣帽间、玄关、卧室、餐厅、书房、客厅、浴室、阳台等居住空间中各个区域的各类家具。

全屋定制家具由成品家具演变而来，大致可以分为四个阶段，如图1-1所示。

图1-1 全屋定制家具发展四个阶段

### 1. 工匠时代

中华人民共和国成立后，中国家庭所使用的家具主要是靠木匠师傅手工打造，家具的质量与精巧程度主要取决于选用的木材质量和木匠师傅的手艺。

### 2. 工业化时代

改革开放后，中国的工业制造水平不断提高，家具制造也正式进入了工业化时代，成品家具大量涌入市场，品种多样，造型精美，价格比工匠师傅制作的家具便宜，因此受到广大消费者的喜爱，传统手工家具慢慢淡出了市场。

### 3. 装修时代

随着市场经济的发展，百姓消费水平不断提高，人们越来越重视对家居环境的美化，对家具设计的要求也越来越高，渴望家具能够根据房屋空间的大小和布局进行个性化设计。此时，大批装修工人涌入市场，装修公司开始批量出现，导致人们开始请木工师傅根据房间布局和空间大小来"定制"家具，其中多数为衣柜以及一些固定安装在房间内的矮柜。

### 4. 定制时代

由于装修工人水平有限，很多造型无法现场实现，所以根据房屋尺寸"定制"的家具虽然实用，但不如成品家具美观。各家具厂商抓住时机，结合先进的工业设备，采用先进的材料，压缩成本，提升美观度，吸引了大批消费者，使家具制造行业正式进入定制时代。随着时间的推移，定制家具成为颇受消费者青睐的家具产品。

进入21世纪后，国内一部分具有敏锐嗅觉和市场远见的企业家开始学习和借鉴在欧美、日本等地流行的全屋定制家具理念，结合手工打造、成品家具、装修设计等各自的特点和优势，创立了最早的一批全屋定制家具品牌。

## 二、全屋定制家具的市场现状

全屋定制家具凭借量身定做、性价比高、生产周期短以及空间利用率高等特点，迅速发展壮大，与成品家具并驾齐驱，占据家具行业的半壁江山。系统分析其市场现状，全屋定制家具存在以下特点。

### 1. 品牌众多，质量良莠不齐

相比欧美等国家，国内的全屋定制家具行业起步较晚，但巨大的市场吸引了众多具有前瞻性眼光的企业家，成立了全屋定制家具公司，如今已成为在市场上占有重要份额的品牌。与此同时，市场上也出现了外资企业、合资企业以及微小型企业，使得行业内竞争越来越激烈。其中，微小型企业规模通常不足百人，有运作灵活、服务优秀等特点，可以满足消费者的多元化需求，但是其产品质量难以保证，致使市场产品质量良莠不齐。随着涌入全屋定制家具行业的企业越来越多，市场混入一些诚信度较差的企业，抄袭设计，使用甲醛释放量超标板材，以次充好，致使整个行业口碑下降，消费者满意度降低。

### 2. 生产模式先进，管理科学

全屋定制家具企业在对市场有足够了解和认识的情况下，进行大规模定制、精细化生产、便捷化制造，并使用先进的加工设备和管理软件，将现代网络信息技术与企业运行各环节有效结合，使生产流程更加流畅，设计和生产效率得到大幅度提升。

目前正处于家居行业的数字化转型期，很多行业龙头企业基本实现了信息化管理体系，这种管理体系集设计、生产、销售、物流以及客户、供应商于一体，使全屋定制的设计、生产、营销实现无缝衔接。这些全屋定制企业设计与生产由电脑系统控制，消费者通过线上或线下签单后，由设计师进行设计，设计方案可直接通过网络由门店传输至工厂生产系统，生产系统软件具有智能拆单功能，数控设备经输入拆单生产数据后可自动生产，整个过程基本实现自动化，效率得到了很大提高，生产出来的产品是单体的模块或零部件，经物流环节打包配送到客户家，再由专门工人安装，大大缩短了交货周期。

### 3. 注重环保，使用新型材料

全屋定制家具的原材料主要由板材和五金件构成。其中，板材包括刨花板、中纤板、细木工板、实木等；板材表面的饰面则包括胶膜纸饰面、涂料饰面、PVC饰面等；五金配件包括连接件、锁、铰链、滑轨、拉手、支撑件等。

随着大众环保安全意识提高以及国家相关环保标准要求，企业也越来越重视无醛材料的研发和使用，绿色、安全的禾香板便是其中之一，它是以小麦或水稻等植物秸秆为原料，经粉碎后添加不含甲醛或者甲醛含量极少的胶黏剂制得，质地轻，强度好，但由于胶黏剂价格较高，禾香板价格相比普通刨花板要高一些；同时，天然、绿色的实木原料近年来也受到追捧，由于实木板材相比人造板幅面尺寸不够大，尺寸稳定性较差，价格较高，一般更多用于生产高档定制家具的柜门，而柜体则较少使用。

### 4. 重视设计研发，服务客户意识增强

与传统的成品家具不同，定制类家具以客户为中心，更加注重消费者的个性和价值塑造，这需要先进的设计理念给消费者营造舒适、温馨的家居环境，因此全屋定制家具行业对外重视设计研发环节，力求实现产品的多样化，以供消费者选择，对内则使设计和生产自动化、简单化，以提高生产效率、缩短交货周期，从整体上，为消费者实现更好的服务，从而增强企业自身的品牌影响力。

## 三、全屋定制家具的发展趋势

随着新型城镇化建设、消费市场的不断扩大深化、新的家居理念不断形成，未来定制家具的发展方向会有更多的变化和机遇，如图1-2所示。

### 1. 实现数字化工厂

云计算、大数据、人工智能、物联网和移动互联网等新一代信息技术在家居行业应用越来越广，数字化转型迫在眉睫，因此，改变原有产品研发及生产方式显得尤为重要，只有更先进的技术才能满足新时代消费者对时尚个性、高性价比、快速便利等的要求。全屋定制家具的发展顺应了这样的时代潮流，其将研发、设计、采购、加工、配送、营销等各环节与互联网紧密地结合在一

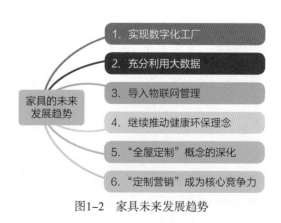

图1-2　家具未来发展趋势

起，使得生产方式定制化、柔性化、绿色化和信息化。

"工业4.0"这一概念越来越受关注。这是德国政府确定的十大未来项目之一，旨在支持工业领域新一代革命性技术的研发与创新。可以说"工业4.0"就是第四次工业革命，而核心就是智能制造，其分为三个方面，分别是智能工厂、智能生产、智能物流。2015年初，我国将其上升到国家发展战略的高度，直接助推中国传统制造行业——家具行业向智能化、自动化和信息化的转型升级。在"互联网+"时代，发展"工业4.0"能够帮助民族品牌在较短时间内拉近与国际品牌的距离，打造世界知名的中国家具企业。

## 2. 充分利用大数据

将大数据管理运用到家具行业，实现全流程信息化的生产管理，把生产线从前端一直延伸到终端店面，改变了以往的"各自为政"的局面，解决了制约企业发展的产能瓶颈难题。

同时，通过大数据信息化的手段，降低内部成本和提高效率，重塑企业和消费者的关系。一些全屋定制家具品牌导入大数据管理后，解决了传统制造业高能耗、高成本、低效率的问题，生产经营全程智能化、自动化和信息化，同时带来各个环节的效率大幅提升以及成本的下降，最大限度让利给消费者。

## 3. 导入物联网管理

"互联网+"时代，有实力的中国家具企业纷纷引入物联网，力求实现人、物、设备的即时连接和高效管理，成功上线ERP，产品全自动化管理。

随着家具市场规模的扩大，在不断发展的过程中，将物联网的解决方案引入定制家具的生产全过程，借此实现家具产品的全过程智能管理。

## 4. 继续推动健康环保理念

因为市场庞大的需求量，更多企业考虑的是如何做大、做强，可持续发展的健康环保理念并没有引起高度重视。然而，一方面人们的环保意识越来越强，另一方面，国家对于家具产品的环保要求也越来越高，从长远看，不重视环保，企业未来将很难发展。近年来，一些有前瞻性的家具品牌，投入了大量人力、物力，打造了各具特色的绿色环保定制家具品牌，如今随着环保理念逐渐深入人心，这类家具品牌越来越受消费者的喜爱。

## 5. "全屋定制"概念的深化

未来定制家具行业依然有着广阔的发展空间。据统计，中国有4亿家庭，每个城市年均有超过5万个新居家庭，平均家具消费额度为5万元，几年后，中国的家居消费总额将达到8万亿元以上，传统家具市场份额会有所下降，但定制类消费预计将持续增长。

"全屋定制""整体定制"等都是大家居的内容,这种大家居的理念正在逐渐形成,也是大势所趋。究其原因,一方面是消费者对于一站式定制消费的需求,另一方面也是定制品牌利润最大化的竞争策略使然。随着人们工作方式、生活环境和思想观念的改变,还会产生更多的创意元素和设计风潮,势必会影响定制家具行业的发展趋势。

### 6. "定制营销"成为核心竞争力

"定制营销"是定制类家具行业的新营销模式,其核心理念是私享服务,与传统的个性化营销、一对一营销相比,更强调实时沟通和个性化需求。在"定制营销"概念里,营销者可以视作消费者的代理,帮助消费者寻找、选择、设计相应的产品和服务,满足个性化需求,所以企业营销部门更趋向于个性需求研究、客户关系管理、产品配置和配送管理等。未来定制营销会更多与互联网、大数据等结合,线上获客、线下体验的营销方式有可能成为主流。

## 任务二

# 全屋定制家具设计流程

全屋定制家具的设计流程:一个是企业角度,分为产品开发设计和适配设计;另一个是消费者角度,消费者在消费过程中的经历。从全屋定制的服务环节来看,大致分为六个步骤,如图1-3所示。

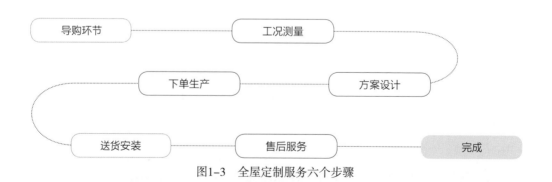

图1-3　全屋定制服务六个步骤

## 一、导购环节

### 1. 传统导购

导购环节的存在是为了更好地服务消费者，辅助消费者做出决定，实现购买产品。其主要负责介绍家具的风格、功能、品质、材料、价格等，需要具备一定的家具专业知识。

图1-4　VR视角

### 2. VR导购

消费者只需戴上VR眼镜，就可以体验"真实"的家居场景，观看定制家具的设计效果，通过模拟真实的家具样式和空间搭配效果，消费者能够获得身临其境的体验，进而可以对设计方案提出建议和要求。VR导购是数字经济发展带来的一种新导购方式，如图1-4所示。

## 二、工况测量

客户有签单意向后，设计师应该首先进行现场工况测量。

### 1. 客户约尺

安排好时间，与客户沟通进行家居空间尺寸的测量，确认客户的地址，明确客户的装修进度，进行上门测量。

### 2. 现场测量

出发前设计师需要准备好测量所需工具，如图1-5所示。

到达客户家里，与客户沟通，结合设计师给出的建议和客户需求，首先明确定制家具在空间中的布局方案，询问客户需要的电器及配件；然后根据实际情况测量现场尺寸，包括家具所在墙面的长、宽、高，柱子的尺寸和位置，门窗的尺寸和位置，已有家具的尺寸和摆放位置以及各种障碍物（插座、电源箱、上下水管道等）的位置和尺寸，画图并进行记录和标注；最后还要复测

图1-5　米尺、铅笔、绘图纸等测量工具

一遍尺寸，看是否有漏掉的地方。

如果室内空间尺寸出现变化，如购买或者更换家用电器、墙砖地板的铺设变化等，还需要重新量尺，需要再次和客户沟通约定进行复尺测量，直到测量工作全部结束。

## 三、方案设计

当空间尺寸确定后，设计师应当考虑到客户家庭成员人数（包括各自的文化背景、个人喜好等）、家庭生活状态、生活习惯以及生活方式等基本情况。然后设计师会和客户讨论，根据测量的尺寸设计初步的家具方案。此部分可以用手绘完成，简单勾勒出家具的位置和形状，如图1-6所示。

图1-6  手绘初步方案

为了使客户更加准确地了解将要制作的家具尺寸和摆放位置，设计师也可利用软件绘制出相应的图纸，如图1-7所示。然后和客户沟通方案，讲解自己的设计理念，如有修改，可循环此步骤，直至最终定下方案。

为使客户看到更加逼真的效果，也可以制作家具设计效果图供客户参考，效果图直观、真实，更加有利于非专业人士的理解和认识，如图1-8所示。

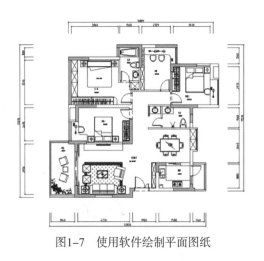

图1-7  使用软件绘制平面图纸

图1-8  绘制效果图

## 四、下单生产

　　客户与设计师敲定家具设计方案后，签订订单合同，客户需要交付订单款项，以确定下单生产。设计师根据设计方案，用设计软件生成各种生产所用文件，如图1-9所示，并发送给工厂，进行订单的生产安排。

　　工厂接到订单后，会根据下单的工艺文件将家具拆分为若干个零部件图，并生成生产加工所用的文件，如图1-10所示，然后对板材进行编号、加工和成品打包。

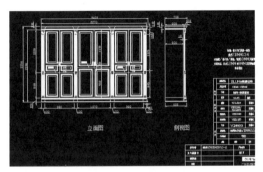

图1-9　工艺文件

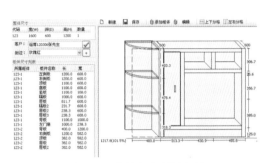

图1-10　家具生产所用文件

## 五、送货安装

　　联系客户，确定送货与安装时间，同时安排运输车辆、安装工人。家具的安装由专业安装工人进行拆包和安装。家具安装完成后需要客户签字确认。

## 六、售后服务

　　售后服务是对消费者的保障。客户在使用的过程中，如果发生质量问题，可联系公司客服，进行问题反馈，如果家具在保修期内出现问题，公司会安排专业的维修人员，上门进行保修服务，解决问题；如果不在保修期内，公司可按照合同中的保修项目，提供义务咨询服务或适当地进行有偿维修服务。

任务三

# 全屋定制家具风格、造型与色彩设计

## 一、全屋定制家具风格设计

消费者越来越注重生活品位的提高，家居空间在讲究实用的基础上，其艺术价值和审美功能也日益突显出来，每个家庭的文化背景和喜好不同，对家的需求也不同，全屋定制家具的风格与室内装修风格相适应，可以根据人们喜好搭配出美观、舒适的室内环境。

### 1. 现代工业风格

现代工业风格，具有极强的现代感和工业感，身处其中，可以激发出现代设计与创作的灵感。通体式大门板与大玻璃包覆门板相结合，时尚大气，亮灰色的墙面和顶棚、金属质感的桌腿，体现了工业风质感，如图1-11所示。

### 2. 简欧风格

高贵奢华、复杂精致是欧式风格给人的第一感觉。形式上以浪漫主义为基础，结合软装等多彩织物来营造富丽豪华的视觉效果。近年来，欧式风格在我国演变出了简欧风格，其将现代简约风格与欧式元素巧妙融合，形成兼容性较强的设计，少了欧式的繁杂，多了一份实用性，也很适合国人的居住习惯，如图1-12所示。

### 3. 北欧风格

北欧风格简洁实用，清新自然，使用自然材料（木材、棉麻）较多，体现了对传统的尊重、对形式和装饰的克制以及力求在形式和功能的统一。设计时，室内的顶、墙、地三个面，几乎不用纹样和图案装饰，只用线条、色块来区分点缀，如图1-13所示。

### 4. 新中式风格

新中式风格是在原本的中式古典风格上做了改进，将中式元素与现代材质巧妙结合。它以简约内敛、精致古典的独特魅力，将经典融入现代生活，传递中式韵味。其特点是在色调上以朱红、绛红、咖啡色等为主色，给人一种庄重的感觉，同时相对中式古典风格更加具备现代感，如图1-14所示。

图1-11　现代工业风格

图1-12　简欧风格

图1-13　北欧风格

图1-14　新中式风格

## 二、全屋定制家具造型设计要素

造型美观的家具，应该是在造型设计的统领下，将使用功能、材料、结构完美统一的结果。要设计出美观的家具造型，就需要了解和掌握造型的基本要素和构成方法。

### 1. 点

点是形态中最基本的构成单元。在几何概念中，点是理性概念形态，无大小和方向，只有位置。但在家具造型设计中，点有大小、方向，甚至有体积、色彩、肌理、质感。点的使用可在视觉装饰上产生亮点、焦点、中心的效果。在家具整体造型中，凡是相对于整体和背景较小的形体都可以称之为点。

在家具造型中，点的应用非常广泛，它不仅作为一种功能结构的需要，而且也是装饰构成的一部分。如柜门、抽屉上的拉手、门把手、锁具，以及家具的五金装饰配件等，很多以点的形态呈现，除具有功能性外，还有很好的装饰效果，如图1-15所示。

图1-15　点在定制家具中的应用

## 2. 线

线的形状可以分为直线系和曲线系两大体系。家具造型构成的线条有三种：直线、曲线、直线与曲线结合。

（1）直线

直线一般有严格、单纯、富有逻辑性的阳刚有力之感，如图1-16所示。

（2）曲线

曲线由于其长度、粗细、形态的不同而给人优雅、愉悦、柔和而富有变化的感觉，但在定制家具当中很少应用纯曲线的设计。

（3）直线与曲线结合

两种不同性质的线条组合在同一家具上，以其中一种线条为主，占较大比例，在视觉上突出，而另一种线条要起到比较和衬托的作用，如图1-17所示。

图1-16　直线在定制家具中的应用

图1-17　直线与曲线结合在定制家具中的应用

## 3. 面

线的集合称为面，面可分为平面与曲面。平面具有几何形态，如矩形、三角形、圆形等，也有无数理规律的非几何形状。从方向上看，平面有垂直平面、水平平面与斜平面；曲面在空间上表现为旋转曲面、非旋转曲面和自由曲面，形态上有几何曲面与自由曲面。常见的几何形状有其自身的特点。

（1）矩形

明确、稳健、单纯、大方、整齐、端正。可以通过与之配合的其他的面或线的变化来丰富造型，打破矩形带来的单调感。

（2）三角形

斜线是三角形的主要特征，它丰富了角与形的变化，显得比较活泼。正立的三角形能唤起人们对山丘、金字塔的联想，是锐利、坚稳和永恒的象征；倒置的三角形具有不稳定感，但作为家具总体造型中的一个构件，却能使人感到轻松、活泼；横放或斜放的三角形具有前冲感。

（3）圆形

圆形丰富、饱满，具有永恒的运动感，象征着完美与简洁，还能带来温暖、柔和、愉快的感觉。

## 4. 体

面的集合称为体。在造型设计中，体是点、线、面围合起来所构成的三维空间。体有几何和非几何两大类。几何体有正方体、圆柱体、圆锥体、球体等。非几何体泛指一切不规则的形体，如各种生物体。另外，根据体的构成，也可分成实体和虚体两类。

（1）实体

实体给人以重量、稳固、封闭、围合的感觉。常用的材料为各类木材、石材等，如图1-18所示。

（2）虚体

虚体使人感到通透、轻快、空灵，具有透明感。常见的有各种玻璃、琉璃、金属、木质镂空造型等，如图1-19所示。

图1-18　实体在定制家具中的应用

图1-19　虚体在定制家具中的应用

## 5. 材质

材质是家具材料表面的三维结构产生的一种质感，是构成家具工艺美感的因素与表现形式。材质既是触觉的，又是视觉的，如天然木纹的美丽与温暖、金属的坚硬与冰冷、皮革和布艺的柔软等。材质不仅给人生理上的触觉感受，也给人视觉上的心理感受，引起冷暖、软硬、粗细、轻重等各种生理与心理的感受。不同的材料有不同的材质与肌理，即使同一种材料，由于加工方法的不同也会产生不同的质感。为了在家具造型设计中获得不同的艺术效果，可以将不同的材质配合使用或采用不同的加工方法，显示出不同的材质美，丰富家具造型，达到工精质美的艺术效果，如图1-20至图1-22所示。

图1-20　实木的天然质感

图1-21 石材的纹理

图1-22 不锈钢的冷峻质感

## 三、全屋定制家具造型形式美法则

在现代社会中，家具已经成为艺术与技术相结合的产物，家具与纯造型艺术的界线逐渐模糊，建筑、绘画、雕塑、室内设计和家具设计等艺术与设计的各个领域在美感的追求和美的物化等方面并无根本的不同，而且在形式美的构成要素上有一系列通用法则，这是人类在长期生产与艺术实践中从自然美和艺术美中概括提炼出来的，并适用于所有艺术创作手法。当然，定制家具也不例外。

### 1. 统一与变化

统一与变化是适用于各种艺术创作的普遍法则，同时也是自然界客观存在的普遍规律。统一是在家具设计中整体和谐、条理，形成主要基调与风格；变化是在整体造型元素中寻找差异性，使家具造型更加生动、鲜明，富有个性。统一是基础，变化是在统一中求变化。

定制家具在空间、形状、线条、色彩、材质等各方面都存在差异，在造型设计中，恰当利用这些差异，就能在整体风格的统一中求变化。变化是家具造型设计中的重要法则之一，在家具造型设计中的具体应用主要体现在对比方面，如图1-23所示。

### 2. 对称与平衡

对称与平衡是自然现象的美学法则，人体、动物、植物形态，大都遵循对称与平衡原则，家具造型也遵循这一原则。对称与平衡的形式美法则是动力与重心二者矛盾的统一所产生的形态。对称与平衡的形式美通常是以等形等量或等量不等形的状态，依中轴

图1-23 定制家具中的变化与统一

或依支点出现的形式。对称具有端庄、严肃、稳定、统一的效果；平衡具有生动、活泼变化的效果。在橱柜造型上最常见的手法就是以对称形式安排柜体，对称形式主要有镜面对称和相对对称。

（1）镜面对称

镜面对称是最简单的对称形式，是同形、同量、同色的绝对对称，如图1-24所示。

（2）相对对称

相对对称的对称轴线两侧物体外形、尺寸相同，但内部分割、色彩、材质、肌理有所不同。相对对称有时没有明显的对称轴线，如图1-25所示。

图1-24　定制家具的镜面对称　　　　　图1-25　定制家具的相对对称

## 3. 比例与尺度

比例与尺度是与数学相关的构成物体完美和谐的数理美感的规律。所有造型艺术都有二维或三维的比例与尺度的度量，按度量的大小构成物体的大小和形状，将家具各方向度量之间的关系及家具的局部与整体之间形式美的关系称为比例。在家具造型设计中，家具与人体尺度、家具与建筑空间尺度、家具整体与部件、家具部件与部件等所形成的特定的尺寸关系称为尺度。良好的比例与正确的尺度是橱柜造型形式上完美和谐的基本条件。

（1）比例

比例匀称的造型能产生优美的视觉效果与完善功能的统一，是家具形式美的关键因素之一。其包含两层含义：一是家具与空间之间的比例，需要注意家具的长、宽、高尺寸与空间整体尺寸的比例，体现整体比例协调的视觉效果；二是家具整体与局部、局部与部件的比例，需要注意家具本身的比例关系和局部、部件的尺寸关系。常见的设计比例有黄金比、根号长方形比、数学级数比等形式。

（2）尺度

尺度是指尺寸与度量的关系，与比例密不可分。在家具造型设计中，尺度必须引入可比较的度量单位或与所陈设的空间，并与其他物体发生关系时才能明确其尺度概念。最好的度量单位是人体尺度，因为家具是以人为本，为人所用，其尺度必须以人体尺度为准。除了人体尺度外，建筑环境与家具的关系也是家具尺度感的因素之一，要从整体全面认识与分析人与家具、家具与建筑、家具与环境之间的整体和谐的比例关系。

### 4. 节奏与韵律

节奏与韵律是事物的自然现象和美的规律，是人们在艺术创作实践中被广泛应用的形式美法则。节奏与韵律也是构成橱柜造型的主要形式美法则，可将家具的体、形、线等这些丰富且有曲直起伏或大小变化的特性，在设计上作缓急变化或连续排列，使某些特点重复呈现，以产生节奏感。节奏与韵律是密不可分的统一体，可通过体量大小的区分、空间虚实的交替、构件排列的疏密和长短的变化、曲柔刚直的穿插等来实现。具体手法有连续式、渐变式、起伏式、交错式等，如图1-26所示。

图1-26　定制家具的节奏与韵律

## 四、全屋定制家具色彩设计

色彩作为生活中的视觉元素，能够展示物品的质感与量感，也能够影响人们的情绪和反应。具有良好色彩构成的设计作品，往往能在第一时间吸引人们的注意力。色彩可以分为两类，即有彩色系和无彩色系。有彩色系是具备光谱上的某种或某些色相，统称为彩调；与此相反，无彩色系就是没有彩调。定制家具的色彩要与空间色彩相协调，一般处在同一种色系之中，使空间具有整体感。

### 1. 室内色彩设计比例

室内配色分为背景色、主体色和点缀色三种。背景色作为大面积的色彩，对其他室内物件起衬托作用。室内多以墙面和地面的颜色作为背景色，是占比最多的；主体色是在背景色的衬托下，室内较大家具的外观色彩作为背景色，在家具设计中占有主要地位；点缀色作为室内的点缀装饰，点缀面积小却比较突出，可产生画龙点睛的视觉效果，比如部分大型家具的门板、花边以及小型家具或摆件所用的色彩。通常来说，室内空间背景色、主体色、点缀色遵循6：3：1的配比。

## 2. 室内色彩方案

（1）暖色系

家庭装修中，过于明亮、艳丽的色彩易使人烦躁。暖色系设计在视觉上能给人温馨、舒适的感觉，有利于放松身心，常用颜色有红、紫红、红橙、橙、黄橙、黄、黄绿等，如图1-27所示。

图1-27　暖色系装饰

（2）冷色系

相比暖色系给人带来的活泼和温暖，冷色系追求的是一份独有的宁静，偏冷的颜色能够让人充分享受家的安静，有利于让人平复心情。偏深的冷色系能够让设计具有高级感，拥有与众不同的成熟与尊贵的感觉。冷色系设计一般能够让居室的视觉空间放大，更加空旷，还能够平衡色温，让暖光不那么刺眼，使室内的光线更加舒适、柔和。蓝绿、蓝、蓝紫、青、青灰等都是冷色系，如图1-28所示。

图1-28　冷色系装饰

（3）中性色系

中性色系介于暖色系和冷色系之间，属于二者的过渡色调。中性色让人感觉轻松、得体、沉稳，视觉上避免产生疲劳感，营造典雅的室内环境，如图1-29所示。

图1-29　中性色系装饰

（4）无彩色系

黑、白、灰现代简约风格设计在家装中很常见，几乎成为不朽经典。黑、白、灰现代简约风格装修硬朗成熟，也不失优雅情调。在现代简约风格装修中，它们过滤掉一切烦琐杂乱色彩，顺理成章地成为空间优雅姿态的传承者。黑、白、灰、银等是常用的几种颜色，如图1-30所示。

图1-30　无彩色系装饰

## 任务四

# 全屋定制时代设计师职业技能培养

## 一、全屋定制家具谈单技巧与表达

全屋定制家具的销售技巧不同于成品家具，但定制家具销售和成品家具销售还是有很多相通之处，比如用问题去引导客户，从而获取客户的需求，基于客户需求探索的销售技巧才是最有价值的。

### 1. 预设问题

销售的提问应该有一个脚本，经过设计的销售流程能够让我们在面对客户的时候从容应对。设计问题的目的就是引导客户快速进入销售环节，是该进行量尺了，还是该进入看方案，或是应该收定金了，每一个环节对应的预设问题都是不一样的，事先准备预设问题能够让谈单逻辑更加清晰、有效。

### 2. 建立良好的第一印象

整洁的外表、使用礼貌用语和专业术语可以提升设计师的形象，从而与客户建立信任感。好的设计就是将客户的需求用设计师的理念完全表达出来，谈单过程中，可以一边与客户交谈，一边将其想法画出来，最好是在谈单过程中根据客户的想法快速做出简单的布局图，以彰显设计师的专业程度，建立这样的第一印象非常有利于签单。

### 3. 揣摩动机，分析心理

抛出一个问题，客户会有相应的答案，即使客户不按照逻辑出牌，也能够获取其思维动机。通过揣摩客户的动机，能清楚地了解客户的内心活动状态，这样就不会被动，以免最后没有签单或者设计明明做得很好，客户却不满意，而自己却找不到原因。

### 4. 利他为主

销售最高的境界就是真诚，让客户对导购人员认可。利他的方法有的时候仅仅是一些细节，比如习惯用词、习惯动作等，让客户感受到你是站在他们的角度来提供服务。

## 二、实地量尺与测量图绘制

全屋定制设计的基础是精确测量室内空间。开发商提供的户型图尺寸与实际往往不一致，不能以开发商户型图作为设计依据。另外，在实际工作中，由于基础测量或记录错误造成无法安装家具的情况并不少见，因此，实地测量和测量图的绘制非常重要。

## （一）工况测量

### 1. 确定时间

在前往客户指定地点前，首先要与客户进行良好沟通，确定具体的时间和地点，检查工具，包括但不限于：卷尺（5m或7.5m）或测距仪、三角尺、笔、夹子、测量单、手电筒等。在约定时间内到达测量现场。

### 2. 参观全屋

到达客户指定地点后，要先进行全屋的参观，对户型、面积、格局等有初步的了解；其次，要观察是否存在特殊户型尺寸的空间；最后，观察户型朝向以及采光等情况，为之后的测量做好准备。

参观过程中，可以与客户闲谈，可以通过赞美房子与其对话，得到客户认可，为之后的沟通做好铺垫。

### 3. 需求沟通

在大致了解房屋的整体情况后，可以与客户进行进一步的探讨，询问客户需求，比如：家庭成员、个人喜好、整体风格、装修预算等，在这个过程中，尝试给出适合客户的设计风格、样式以及合理建议，直至客户提出具体细节需求。

### 4. 实地测量

在确定需要放置家具的位置后，可以在该处进行实地测量。测量的尺寸主要为空间尺寸的总长、总宽、总高。如果测量空间无障碍物阻隔，通常采用六点测量法，以宽度为例：在沿墙距离地面100~150mm处测量其宽度，沿墙距离地面750~1000mm处测量宽度，沿墙距离地面1550~2200mm处测量宽度，然后在以上三个测量位置的前方，在离开墙面600~650mm处分别测量其空间宽度，得出六个数值。如果家具占满整个空间，则家具设计的宽度理论上可取最小值，实际一般应小于最小值，如图1-31所示。

若家具摆放在角落位置，则需要对墙壁的角度进行测量，可以采用三边法。三边法测量是在两个墙壁相连的角落中，在同一高度测量任意三个点的数值，若数值符合勾股定理，即为直角，如不符合，则可以利用软件绘制得出全等三角形，再用标注角度功能量取角度，如图1-32所示。

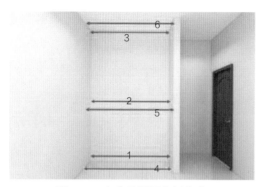

图1-31　六点法测量空间宽度

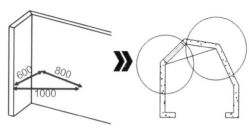

图1-32　三边法测量墙体角度

## （二）空间障碍物测量

在实际测量过程中，室内空间并不是规整的，可能存在各种障碍物。遇到障碍物时，需要对其进行测量和记录，并在后续的设计中将其合理规避或遮挡。常见的障碍物有电源、开关、室内预设孔位、门窗、电器、梁、柱等，如图1-33至图1-35所示。

测量时，需要先选择一个基准，宽度方向一般是室内两面墙的夹角位置，高度方向一般选择地面为基准，此基准到每个障碍物的最近点距离至少量取两组，取最小值；再测量基准到障碍物的最远位置距离至少两组，取最大值。如果存在装修或者购置室内各类用具后空间尺寸发生变化的情况，一定要进行复尺，复尺一般在室内硬装施工完成后进行。

图1-33　靠窗一侧障碍物的测量

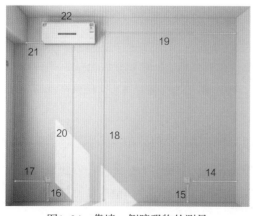

图1-34　靠墙一侧障碍物的测量

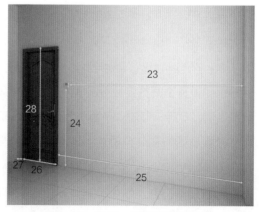

图1-35　靠门一侧障碍物的测量

## （三）测量图绘制

　　测量图的绘制和测量同步进行，设计师应在测量过程中逐步完成测量图的绘制。测量图一般是现场手绘，比例和美观程度不作特别要求，目的是清晰、准确记录室内空间的各部分尺寸，为后续软件设计做好准备。

　　一般情况下，全屋定制设计需要两种测量图：一是户型图（平面图），记录室内空间的整体尺寸、面积、家具的布局等，如图1-36所示；另一种为透视图，将各个房间的空间立面表达出来，不仅显示出其空间尺寸，也要将障碍物的尺寸和位置描述出来，如图1-37所示。

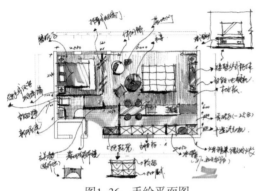

图1-36　手绘平面图

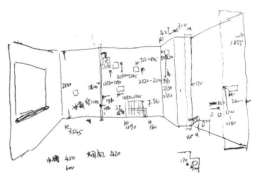

图1-37　手绘立面图

## 三、全屋定制家具方案图和效果图制作

　　方案图和效果图是后续生产和安装家具的依据和指导文件，是设计的核心内容，同时也是与客户沟通和吸引客户的有效手段，设计师在与客户沟通时可以加以修改和完善，方案图和效果图一般使用电脑软件完成。

### 1. 方案图制作

　　方案图比较注重室内空间的展示，同时标明家具的位置、风格、外形尺寸、形状等要素，一般有家居布局图和立面图（或者三视图）两种形式。常用AutoCAD等软件制作，如图1-38和图1-39所示。

### 2. 效果图制作

　　效果图不仅能体现家具的比例、风格、摆放位置等要素，还能将其材质、颜

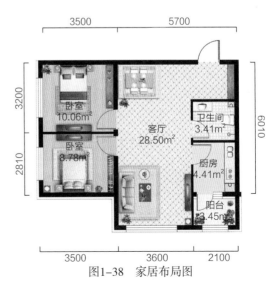

图1-38　家居布局图

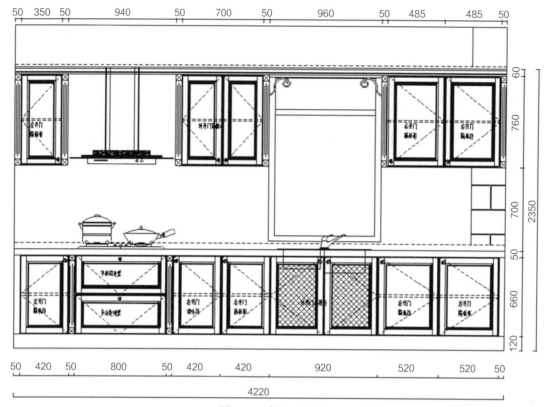

图1-39　家具立面图

色以及光影下的视觉效果完美展现出来，让客户看到未来的家。效果图一般分为整体视图和局部视图两种。近年来，效果图的展示方式由以往单一的图片发展成为图片、3D漫游图、短视频、VR等多种展示形式，客户能够体验更加真实的设计效果。

常用的软件有3DSMAX、草图大师、家居云设计软件等，家具效果图如图1-40所示。

图1-40　家具效果图

# 项目二
# 厨房空间家具设计

# 厨房空间概述

## 一、整体橱柜简介

### 1. 整体橱柜的概念

整体橱柜是以厨房家具为核心，将家具与厨房设备融为一体，经过精心设计，并与家庭装饰风格相配套的厨房设施。事实上，整体橱柜并不是一件商品，也不仅是指一系列厨具的简单结合，而是对厨房整体的设计、选材、施工和与之相配套的家用厨房设备及相关的家具、售后服务的一整套服务体系。

整体橱柜使得洗、切、烧、储等功能在一系列橱柜系统中完成，基本达到科学化、整体化的程度。

### 2. 整体橱柜的特点

整体橱柜作为一种特殊的家具产品，其特点主要体现在以下几点。

（1）集成化

整体橱柜集橱柜、灶具、抽油烟机、消毒器具、冷藏电器等多种功能性设施于一体，从而实现了厨房在功能、科学和艺术三方面的完整统一。

①空间集成：空间布局与造型的整体设计实现系统化、集成化。

②功能集成：集油烟处理、清洁消毒、食品加工、冷藏、垃圾处理于一体。

（2）个性化

整体橱柜是按照消费者家中的厨房结构、面积以及家庭成员的个性化需求精心设计、量身定做的非标准的个性化产品。大到厨房布局，小到每一个五金配件，再加上不同的色彩、纹理和线条以及不同材质的橱柜门板等，为满足客户的个性需求提供多种可能。

（3）人性化

在设计过程中，可以参照人体工程学原理，突出整体橱柜"以人为本"的理念。比如不同的地柜设计、吊柜门的开合方式、开关的位置、台面的宽度、各类挂件的位置等，对厨房空间进行充分利用，最大限度满足厨房的收纳功能，同时方便不同人群对于厨房的使用。

（4）美观性

现代化的整体橱柜是功能化的艺术品。时尚的造型设计和丰富的色彩搭配，满足了不同使用者的审美。随着时尚元素和高新技术的应用，这种审美方面的功能成为主流。厨房不仅是做饭的劳作空间，它已经成为完美家居中一道亮丽的风景线，也是人们会客、交流的场所。

（5）安全性

凭借科学、合理的工况设计，整体橱柜杜绝了传统厨房的各种安全隐患，实现了水与火、电与气的完美整合。无毒、无害的环保材料也避免了甲醛和辐射的侵害。

## 二、厨房空间的布局形式

### 1. 一字形橱柜

一字形橱柜多见于小套房或公寓（厨房面积约7m²）。空间狭长而独立，烹饪方便，对于收纳空间的需求不大，所需要的厨具类型也较简单。最大的特点是结构简单、好整理，厨具及其设施主要沿着墙面一字排开，较为经济。所有工作都在一条直线上完成，节省空间。但工作台不宜太长，否则易降低效率。在不妨碍通道的情况下，可安排一块能伸缩调整或可折叠的面板，以备不时之需。一字形橱柜如图2-1所示。

### 2. 双排橱柜

当厨房空间的宽度足够时，也可以将橱柜的各个设施分别设计紧靠两侧墙壁，可以看成是一字形橱柜的相对排列。在进行各类厨房设施的摆放时，要注意操作人员的使用顺序，尽量减少操作人员的前后转身，同时为保证双排橱柜的操作空间，一般来说，双排橱柜之间的距离应不小于900mm。双排橱柜如图2-2所示。

图2-1 一字形橱柜

### 3. L形橱柜

L形橱柜是将工作区域沿墙作90°双向展开，一般来说，其俯视图为英文字母L的形状。它将清洗、储备与烹饪三大工作中心依次配置成相互连接的L形状，比较适合面积中等大小的厨房。这种布置的优势是有效利用空间，使操作流程更加合理，是目前比较常见的橱柜布局形式。但最好不要将L

图2-2 双排橱柜

形状的一面设计过长，以免降低工作效率。L形橱柜如图2-3所示。

### 4. U形橱柜

U形橱柜是L形橱柜的延伸，比较适合厨房面积较大的设计。一般的做法是在另一个长边再多增加一个台面，以便收纳更多物品或电器设施。U形橱柜如果规划得当，冰箱、水槽和灶具间的关系能形成一个正三角形。工作区共有两处转角，空间要求较大。水槽最好放在U形底部，并将切配区和烹饪区分设两旁，使水槽、冰箱和炊具连成一个正三角形。U形之间的距离以1200~1500mm为佳，使三角形总长、总和在有效范围内，此种设计可增加更多的收藏空间。U形橱柜如图2-4所示。

### 5. 吧台型橱柜

吧台型橱柜一般适用于较大面积、开放式的厨房空间，是L形和U形橱柜的另一种设计形式。一般将吧台部分设计在厨房与其他空间的交接处，不仅有吧台的作用，还具有隔断空间的功能。吧台型橱柜如图2-5所示。

### 6. 岛台型橱柜

常见岛台型厨房的设计是在L形厨房中加装一个便餐台或料理台，便于多人同时使用，适用于开放式或者大面积的厨房。将厨台独立设计为岛台型，是一款新颖而别致的设计，在适当地方增加了台面设计，灵活运用于早餐、熨衣服、插花、调酒等。可以同时容纳多人一起使用，是一处联络家人、朋友感情的最佳场所。岛台型橱柜如图2-6所示。

图2-3　L形橱柜

图2-4　U形橱柜

图2-5　吧台型橱柜

图2-6　岛台型橱柜

## 三、厨房操作"三角原理"

20世纪初，美国人Christine Frederick在《家务工程：家庭的科学管理》一书中将工厂提升效率的方法应用到家居生活当中，认为火炉、水槽和放置杂物的桌子应该放置在一个协调的位置上，避免不必要的步骤，这是一个厨房工作的铁三角，应该作为厨房设计的核心标准。随着社会的发展，厨房内各个设施也越来越多，因此人们逐渐以三个不同工作区来代替之前的设施，即储存区、准备区和烹饪区。理想情况下，工作三角三点之间的距离总长应不超过6m。不同工作点之间的理想距离是90cm，这样的厨房在使用的时候会更有效率。要注意，三个区域的排列方式一般是储存区→准备区→烹饪区，这种布局可让操作者走动较少，提高厨房工作效率。

如果厨房空间较小，多采用一字形橱柜设计，单线厨房内的工作三角就可以精简为一条直线，这是最实用的解决方案，看上去也很美观。一字形橱柜布局如图2-7所示。

如果采用双排橱柜，则厨房两侧都能提供工作和储物的功能，准备食物和烹饪更加便利，两侧橱柜间宜留出900～1300mm的操作距离，许多专业厨师都喜欢选择双线厨房。双排橱柜布局如图2-8所示。

空间有限的情况下，如果还想拥有一个小餐桌或者岛台，L形厨房是首选，因为它能充分利用墙角，并将厨房与用餐区整合，如图2-9所示。

如果房间很大，那么U形布局最为理想。它能提供最大的空间和更多储物选择。但为保证所有物品都触手可及，请确保工作三角的点相距不远。U形橱柜布局如图2-10所示。

红色：烹饪区
蓝色：准备区
绿色：储存区

图2-7 一字形橱柜布局

红色：烹饪区
蓝色：准备区
绿色：储存区

图2-8 双排橱柜布局

红色：烹饪区
蓝色：准备区
绿色：储存区

图2-9 L形橱柜布局

红色：烹饪区
蓝色：准备区
绿色：储存区

图2-10 U形橱柜布局

## 任务二

# 厨房家具材料、五金、电器及配件

## 一、橱柜家具材料

　　整体橱柜的质量取决于设计、加工及材料的选用，材料既是实现设计意图的重要手段，也是选择加工方法的重要依据，同时还是控制成本的关键因素。由于橱柜是一个烹饪和储存食品的地方，因此其使用的材料与一般家具材料不同，易清洗、耐热、防潮、环保是整体橱柜选材的基本原则。同时，运用不同材质的质感及色彩能形成不同的设计风格，进而满足人们不同的审美需求。从结构的角度看，整体橱柜是由柜体、门板、台面、装饰构件以及各种五金配件组成，所以其材料也包括柜体材料、门板材料、台面材料等。

## （一）柜体材料

　　柜体包括地柜、吊柜、高柜、半高柜以及台上柜等，要求具有耐腐、防潮、不生虫、不霉变等性能。橱柜中柜体材料的使用占有相当高的比例，所以柜体材料的好坏直接影响橱柜的整体质量。整体橱柜除背板外，大多采用相同厚度规格的材料，以便于标准化生产，降低成本。

　　目前用于整体橱柜柜体的板件材料主要是各种木质人造板和经过表面装饰处理的装饰人造板。

### 1. 三聚氰胺饰面板

　　三聚氰胺饰面板是以刨花板、纤维板等人造板为基材，以浸渍胶膜纸为饰面材料的装饰板材。浸渍胶膜纸是一种素色原纸或印刷装饰纸经浸渍氨基树脂（三聚氰胺甲醛树脂和脲醛树脂）并干燥到一定程度、具有一定树脂含量和挥发物含量的胶纸，其经热压可相互胶合或与人造板基材胶合。其中，以采用18mm厚三聚氰胺浸渍纸贴面刨花板应用最为广泛，在家居卖场销售中常将其称为"实木颗粒板"或"颗粒板"。

　　刨花板是利用木材或者其他木质材料制成细小刨花，经施加胶料和辅料再热压制成的人造板材。其外观质感平整光滑，物理力学性能较为优良，结构均匀，变形小，材质稳定，但是表面粗糙，握钉力低，密度较大，板边暴露在空气中容易吸湿变形。所以在选择橱柜的基材时，应当选用加有防潮剂的防潮刨花板，以满足防潮要求。刨花板价格较低，性能满足使用要求，刨花板为基材的三聚氰胺饰面板如图2-11所示，其在整体橱柜中大量用于柜体板。

　　中密度纤维板是以木质纤维或者其他植物纤维为原料，施加脲醛树脂胶或其他适用的胶黏剂经高温压制而成。这种板材结构细腻均匀，密度适中，尺寸稳定性好，物理力学强度较高，表面平整光洁，边缘牢固，且饰面效果、雕刻及其他加工性能都较为优良。由于中密度纤维板具有良好的使用性能，加上板材的厚度选择范围较大，因此广泛应用于橱柜的柜体制造。中密度纤维板为基材的三聚氰胺饰面板如图2-12所示。

图2-11　刨花板为基材的三聚氰胺饰面板

图2-12　中密度纤维板为基材的三聚氰胺饰面板

## 2. 防火板饰面的胶合板与细木工板

胶合板是原木经过旋切或者刨切成单板，再经纵横交错排列，涂胶热压而成的人造板材，具有幅面大、重量轻、厚度范围广、强度高、表面平整及力学性质均匀等优点。

细木工板是用厚度相同、长短不一的小木条拼合成芯板，上下两面胶贴一层或两层单板，再经过高温、高压而制成的一种人造板材。它具有生产简便、耗胶量小、密度较小、表面平整光洁、不易翘曲变形、力学性能和加工性能好、握钉力大等优点。市场上被称为"生态板"的板材，就是以细木工板为基材，双面胶压木纹纸或三聚氰胺浸渍纸制得的，由于细木工板板芯常使用实木（以杨木板芯较为多见）拼接制成较多，相比刨花板，其握钉力更好，且板材用胶量相对刨花板较少，更为环保。

防火板是由数层经树脂浸渍的纸张（表层纸、装饰纸以及底层纸）高温、高压制成的薄型板材，具有耐磨、耐高温、耐污染、耐腐蚀、花色繁多等特性，是常用的贴面材料之一。胶合板和细木工板属于实心木质板材，保持了木材的固有长处，又克服了木材易变形、尺寸小等缺点。但这两种板材表面有毛刺沟痕，达不到浸渍纸的要求，所以一些企业先将其表面粘贴防火板，然后制作柜体，使得其防潮、耐擦洗、表面耐高温等性能大大提高，但生产机械化程度低，造价也相对昂贵。防火板饰面的胶合板和细木工板如图2-13所示。

图2-13　防火板饰面的胶合板和细木工板

### 3. 其他柜体材料

可以用作柜体材料的还有不锈钢、实木、PVC饰面中密度纤维板等。其性能和所用材料相匹配，可以根据客户的实际需求进行选择。不锈钢橱柜如图2-14所示，实木橱柜如图2-15所示。

图2-14　不锈钢橱柜　　　　　　　　　　　图2-15　实木橱柜

## （二）门板材料

门板（含抽屉面板）相当于橱柜的"脸面"，通过变换门板的款式、线型、色彩以及不同材质所表现出的质感，可以体现不同的风格。门板应当拥有尺寸稳定、防潮性好、表面耐磨及环保性强等特点。

### 1. 实木门板

实木整体橱柜比较适合偏爱纯木质地的中年消费者家中的高档装修使用。实木制作的橱柜门板，具有回归自然、返璞归真的效果。风格多为古典型，其门框为实木，以樱桃木色、胡桃木色、橡木色为主，门芯为中密度纤维板贴实木皮，这样可以保证实木的特殊视觉效果，边框与芯板组合又可以保证门板强度，不开裂、不变形，历久弥新（日常维护仍然需十分精心）。制作中一般在实木表面做凹凸造型，外喷漆，因此实木类门板可保持原木色，造型优美，尤其是一些意大利进口高档实木橱柜，花角边的处理以及漆面色泽工艺都达到世界先进水平。实木橱柜门板如图2-16所示。

图2-16　实木橱柜门板

## 2. 防火门板

防火门板基材为刨花板、防潮板或密度板，表面饰以防火板。防火门板是目前用得较多的门板材料，它的颜色比较鲜艳，封边形式多样，具有耐磨、耐高温、耐刮、抗渗透、容易清洁、防潮、不褪色、触感细腻、价格实惠等优点。国产防火门板价格较低，韩国板材和德国板材的成本则要增加25%和50%左右。防火门板突出的综合优势符合橱柜美观与实用相结合的发展趋势，因此在市场上长盛不衰；缺点是门板为平板，无法创造凹凸、金属等立体效果，时尚感稍差，比较适合对橱柜外观要求一般或注重实用功能的中、低档装修。

## 3. 三聚氰胺板门板

三聚氰胺板全称是三聚氰胺浸渍胶膜纸饰面人造板，是将带有不同颜色或纹理的纸放入三聚氰胺树脂胶黏剂中浸泡，然后干燥到一定固化程度，将其铺装在刨花板、中密度纤维板或硬质纤维板表面，经热压而成。三聚氰胺板具有表面平整、不易变形、色泽鲜艳、耐磨、耐腐蚀等优点，而且价格适中。配上木色封边条，给人一种浑然一体的视觉效果；缺点是形式单一，只能是平板造型，较为单调。三聚氰胺板门板如图2-17所示。

图2-17　橱柜三聚氰胺板门板

## 4. 吸塑门板

吸塑门板，也称模压门，以中密度纤维板为基材，经镂铣造型后，进行精细打磨再喷专用胶，二次打磨后表面覆盖PVC面膜经真空吸塑机吸塑而成。其特点是采用五面包覆技术，即除门板背面，正面和四边均由一张PVC面膜包覆，门板边部不易受潮变形；吸塑门板以其镂铣造型丰富、PVC面膜图案多变、表面防水耐用、价格相对低廉、日常维护简单等优点成为最成熟的橱柜材料，也是非常流行的橱柜材料。吸塑门板如图2-18所示。

## 5. 亚克力门板

亚克力门板的表层由两层构成，上层采用1.0mm厚100%亚克力材料，第二层

图2-18　橱柜吸塑门板

为进口色浆制成的3D颜色膜，采用耐污、耐磨的美国原料添加剂，使用德国真空覆膜技术制作而成。亚克力门板亮度高，色泽饱满，立体感强，硬度高，韧性好，可以满足顾客的不同品位。亚克力门板如图2-19所示。

图2-19　橱柜亚克力门板

### 6. 烤漆门板

烤漆门板基材为密度板，表面经过六次喷烤进口漆（三底、二面、一光）高温烤制而成。烤漆门板的特点是色泽鲜艳，易于造型，具有很强的视觉冲击力，非常美观时尚，且防水性能极佳，抗污能力强，易清理；缺点是工艺水平要求高，废品率高，所以价格居高不下。使用时要精心呵护，怕磕碰和划痕，一旦出现损坏就很难修补，要整体更换；油烟较多的厨房中易出现色差，比

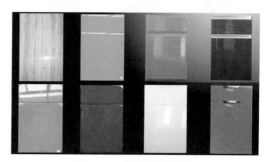

图2-20　橱柜烤漆门板

较适合外观和品质要求比较高、追求时尚的年轻消费者。烤漆门板如图2-20所示。

### 7. 晶钢门板

晶钢门板又称金刚门板、碳光板，目前晶钢门板的承载主体是以铝合金为骨架，面板以钢化玻璃经烤漆或贴面而形成的一种新型门板材料。玻璃一般采用5mm厚的钢化玻璃，表面烤漆处理后给人一种晶莹剔透的感觉。晶钢门板具有强度高、表面坚硬、光滑、透光、无异味、隔水、耐高温、抗划等特性。外包边采用0.7mm厚的高强度铝合金型材配以ABS工程塑料组成的框架作为受力主体，经久耐用，不易变形。由于价格适中，其是橱柜门板行业的一股新生主力军。特点：防水，防火，防虫蚁，不变形，易清理，色彩鲜艳，用材环保。晶钢门板如图2-21所示。

### 8. 实木复合门板

实木复合门板通常由实木板材组框，中密度纤维板作芯板，喷实木色漆，或纤维板

图2-21　橱柜晶钢门板

贴实木皮，喷透明木器漆加工而成。特点是具有木材天然纹理，具有回归自然、返璞归真的效果。采用实木门板相对环保，几乎没有甲醛释放，适合欧式古典风格和乡村风格的家居环境。实木复合门板如图2-22所示。

## （三）台面材料

整体橱柜台面主要用于洗涤、准备及烹饪操作。台面材料基本性能要求为防水、耐高温、不渗漏、抗冲击、无污染。

图2-22　橱柜实木复合门板

### 1. 天然大理石台面

天然大理石色彩丰富、自然，质地较为柔和，纹理自然多样，易于切割或雕刻成型。缺点：可能有轻微的辐射，易碎，因此在大理石材底部会做网状保护，并且在大理石材下面会再贴一层普通高硬度晶状体石材，保证其使用寿命。天然大理石台面如图2-23所示。

图2-23　天然大理石台面

### 2. 人造大理石台面

人造大理石台面在家庭装饰尤其是橱柜台面中已经得到广泛应用，是目前市场上主流橱柜台面材料。优点：人造大理石的纹路和色彩丰富，完全可以和石材媲美，而且无毒、无辐射，容易清理，可真正实现无缝拼接，属于经济环保、卫生型材料。缺点：人造大理石属于加工行业产品，技术要求不

图2-24　人造大理石台面

高，许多小企业生产的劣质产品充斥市场，损害了消费者的利益。有些中、低档产品也存在褪色、变色、抗老化性差、渍油等问题。人造大理石台面如图2-24所示。

### 3. 不锈钢台面

橱柜不锈钢台面光洁明亮，各项性能较为优秀。一般是在高密度防火板表面加一层薄不

锈钢板，但随着零售市场的日渐衰落，已不被人看好，市场的占有份额也越来越少。优点：坚固，易清洗，实用性较强。近几年，不锈钢台面也在顺应橱柜美观与实用相结合的发展趋势，做了相应改进，如表面压花、拉丝、开缝焊接处理等。对于偏重于"实用"考虑的消费者，选购不锈钢台面也未尝不可。缺点：视觉较"硬"，给人"冷冰冰"的感觉。在橱柜台面的转角部位和结合部位缺乏合理、有效的处理手段，不太适用民用厨房管道交叉等特殊性。不锈钢台面如图2-25所示。

图2-25　不锈钢台面

### 4. 防火板台面

防火板台面是在加工成型的中密度纤维板（或刨花板）的基材上覆贴后成型防火板制成的。虽然不是主流台面，但也占有一定

图2-26　防火板台面

的市场份额。优点：色泽鲜艳，耐磨、耐刮、耐高温性能较好，给人焕然一新的感觉，且橱柜台面高低一致，辅以嵌入式燃气灶，增加了美感。缺点：台面易被水和潮湿侵蚀，使用不当会导致脱胶、变形、基材膨胀的严重后果。防火板台面如图2-26所示。

## 二、橱柜五金

橱柜五金是厨房设备的重要组成部分。橱柜五金在橱柜材料中占有重要地位，直接影响着橱柜的综合质量和消费者的使用感受。

### （一）结构五金

橱柜的结构五金是指将柜体从部件拼成整体以及安装到合适位置的五金，类型和其他家具所用几乎相同。

### 1. 三合一连接件

三合一连接件（三合一构件）由偏心轮（偏心螺母）、连接杆、倒刺螺母（预埋螺母）构成。安装方法：倒刺螺母预先打入板材留好的孔，拧入连接杆，另一垂直板件内放入偏心轮

（口朝连接杆的预留孔），连接杆带着板件插入偏心轮中，顺时针（+号）方向拧紧偏心轮锁死。

　　三合一连接件是家具中最常见的连接五金，共有三部分组成。此五金在使用前需要在柜体的相应位置制出孔位，其外形如图2-27所示，连接方式如图2-28所示。

图2-27　三合一连接件

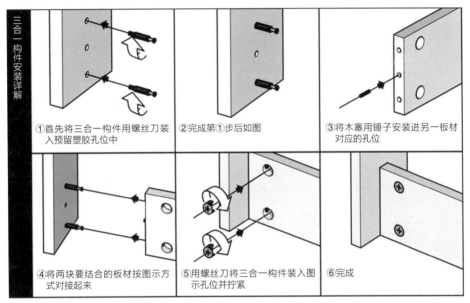

图2-28　三合一连接件安装详解

## 2. 吊码

　　吊码分为明吊码和隐藏吊码，都是将吊柜安装在墙上合适位置的五金件，与其配合的还有固定在墙上的吊片。

　　明吊码是较常见的一种，价格也较为便宜，应用广泛，其安装过程如图2-29所示。

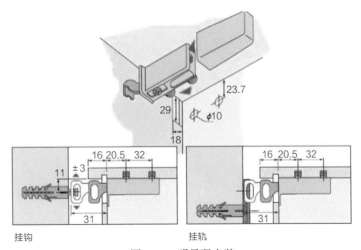

图2-29　明吊码安装

隐藏吊码安装于吊柜的背板，即使打开柜子也看不到，所以不影响美观，但其价格会比明吊码略贵。隐藏吊码的安装需在侧板上预先制作若干个和吊码匹配的孔位，将吊码安装到孔位处，起到承重的作用。隐藏吊码安装如图2-30所示。

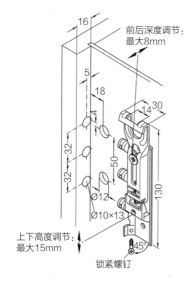

图2-30    隐藏吊码安装

## 3. 支撑件

支撑件是支撑层板（搁板）的部件，分为活动层板销和固定层板销。活动层板销和固定层板销的区别在于前者适用于活动搁板，不破坏搁板，后者适用于固定搁板，结构强度更高。

为了便于物品的存放，在设计橱柜时，经常会设计若干个搁板。为了让物品存放更加灵活，橱柜的搁板一般会设计为活搁板，可以在不同的高度调节位置。支撑件的使用也需要对柜体的侧板进行孔位的预先排列。支撑件如图2-31所示，安装方法如下：

①活动层板销：四个为一组，每个旁板上前后各两个，在预留孔中插入活动层板销，搁板直接搭在四个层板销上。

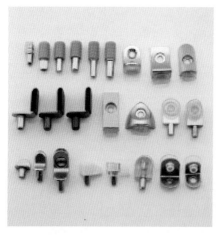

图2-31    橱柜支撑件

②固定层板销：四个为一组，每个旁板上前后各两个。将凸出的螺丝拧在旁板上，搁板上预先打好固定层板销的位置孔，直接做在固定层板销的白色塑料头处。

### 4. 防水铝箔

橱柜中，柜体很可能会与水接触，所以经常利用防水铝箔来进行相关位置的防水处理。其一面为黏性材料，可以紧贴在柜体内部，一般设置在水盆柜的底部，如图2-32所示。

图2-32 防水铝箔

### 5. 可调地脚

厨房地面会有不平的现象，且在实际使用时对地柜也有防水要求，所以利用可调地脚可以将地柜悬于地面。可调地脚是一种可以调节高度的五金件，可放置在地柜的下方；可以通过旋转螺纹来升高或者降低它的高度，从而使得所有地柜高度一致，不仅利于台面的安装，也起到防水的作用。安装时，利用地脚自带的定位孔可以进行现场安装。可调地脚如图2-33所示。

图2-33 可调地脚

### 6. 踢脚板

踢脚板位于地柜下方，橱柜踢脚板有三个作用：一是保护作用，遮盖楼地面与橱柜的接缝，更好地使橱柜和地面之间结合牢固，减少橱柜变形，避免外力碰撞造成破坏，保护橱柜；二是装饰上起着视觉的平衡作用，可以起到较好的美化装饰效果；三是带防水条的金属挡板可以防止地面有水进入橱柜底部，使橱柜受潮。踢脚板还可以与可调地脚配合使用，橱柜踢脚板如图2-34所示。

图2-34 橱柜踢脚板

## （二）门板五金

门板五金主要用于门板的开合。常见的橱柜门板有三种形式：左右开合形式、上翻门形式和上移门形式。

铰链是连接两个活动部件的主要构件，主要用于柜门开启和关闭。常用的铰链分为三种：直臂、小曲臂（中弯）、大曲臂（大弯），三种铰链安装效果如图2-35所示，分别对应全盖门、半盖门、内嵌门。铰链类型按照材质分类主要分为不锈钢铰链、钢铰链、铁铰链、尼龙铰链、锌合金铰链，还有一种被称为液压铰链（又称阻尼铰链）。液压铰链的特点是在柜门关闭时能有缓冲功能，极大减小了柜门关闭时与柜体碰撞发出的噪声。

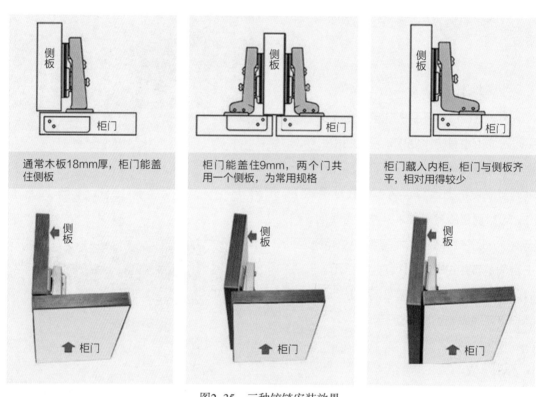

图2-35　三种铰链安装效果

①直臂铰链：门板盖住柜体18mm厚侧板的全部，所用的铰链就是直臂铰链。

②中弯铰链：门板盖住柜体18mm厚侧板的一半，所用的铰链就是中弯铰链。

③大弯铰链：门板完全不遮挡柜体的侧板，大多数作为内嵌门板使用。

④165°铰链和135°铰链：165°铰链和135°铰链用于六角柜和五角柜门板的开闭，如图2-36所示。

⑤90°铰链：90°铰链用于一字转角柜的门板与封板连接。门板关闭状态下，门板与封板之间呈180°；门板开启状态下，门板与封板之间呈270°。90°铰链如图2-37所示。

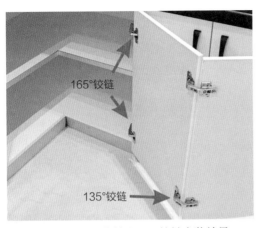

图2-36 165°铰链和135°铰链安装效果

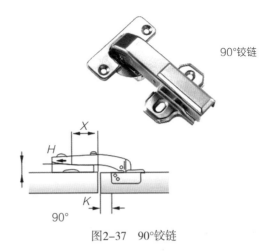

图2-37 90°铰链

## （三）功能五金

### 1. 上翻门支撑件

　　门板前方需要有足够空间才能保证开门顺畅，有的厨房面积狭小，门板开启后会带来不便，这种情况可以考虑安装上翻门支撑件，支撑件一般为气压杆或液压杆制作，保证开合顺畅。上翻门支撑件安装效果如图2-38所示。

图2-38 上翻门支撑件安装效果

### 2. 上移门支撑件

　　上移门对于空间的利用率更高，门板开合时只需要上方狭窄的区域。目前市面上很多上移门已经设计为电动开合，十分方便，但价格比较昂贵。上移门支撑件安装效果如图2-39所示。

### 3. 抽屉滑轨

　　抽屉是橱柜中常见的部件之一，抽屉的开合需要使用抽屉滑轨，滑轨将抽屉以一种动态的方式固定在柜体内部，如图2-40所示。

图2-39 上移门支撑件安装效果

按照滑动方式，抽屉滑轨分为滚轮式滑轨、钢珠式滑轨、齿轮式滑轨、阻尼滑轨；按照安装方式，抽屉滑轨分为托底式、侧面式；按照抽拉程度，抽屉滑轨分为半拉出和全拉出，长度一般为250～600mm。安装滑道时应注意抽屉长度一般比侧板长度短3～5mm，而滑道的长度要小于等于抽屉长度。

滚轮式滑轨目前使用较少，钢珠滑轨则比较普遍，其安装简单、节省空间、推拉顺滑、承重力大，具有缓冲关闭或按压反弹开启功能等优点，在现代家具中正逐渐代替滚轮式滑轨，成为现代家具滑轨的主力军。钢珠滑轨如图2-41所示。

图2-40　抽屉滑轨

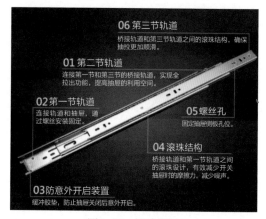

图2-41　钢珠滑轨

齿轮式滑轨包括隐藏式滑轨、骑马抽滑轨等类型，属于中、高档滑轨，多用于中、高档家具。因其价格较贵，在现代家具中比较少见，不及钢珠滑轨普及，但具有较好的发展趋势。齿轮式滑轨如图2-42所示。

阻尼滑轨是指利用液体的缓冲性能，达到理想消声缓冲效果的一种滑轨，如图2-43所示。它依靠一种全新的技术来适应抽屉的关闭速度，抽屉会在关闭到最后一段距离时利用液

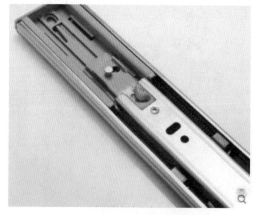

图2-42　齿轮式滑轨

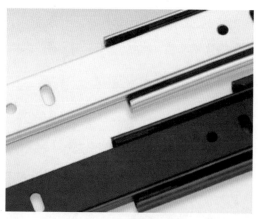

图2-43　阻尼滑轨

压减慢速度，降低冲击力，形成关闭时的舒适效果。即使用力来推进抽屉也会轻柔关闭，保证了运动的完美、柔静，常用于抽屉的推拉活动中。

抽屉滑轨常用规格尺寸有：10in、12in、14in、16in、18in、20in、22in、24in（1in为2.54cm）。

除此之外，还有一些功能性较强的滑轨五金配件，如图2-44至图2-47所示。

图2-44　骑马抽

图2-45　内置抽

图2-46　刀叉盘

图2-47　碗碟架

## 4. 拉篮

拉篮能提供较大的储物空间，而且可以合理地利用橱柜里面的空间，使各种物品得到合理安放。根据不同用途，拉篮可分为多功能调味拉篮、灶台拉篮、大型功能拉篮（高深拉篮、联动篮和转角拉篮）等。

在橱柜内加装拉篮是扩大橱柜使用率的好方法。可以根据自己的习惯将厨具及餐具放在灶台拉篮中，将调味瓶、罐、盒、砧板、刀具、油壶等烹饪用物品放到多功能拉篮中，既卫生又一目了然。橱柜拉篮如图2-48所示。

图2-48　橱柜拉篮

转角拉篮可以使厨房的转角位得到良好的利用，不用伸长胳膊，只需轻轻外拉，即使最里面的物品也能立即呈现在面前，如图2-49所示。

### 5. 吊柜升降篮

吊柜中物品的拿取相对来说还是不够方便，不论是门板的开合还是拿取动作施展，都有所不便。吊柜升降篮的使用，可以使吊柜中的物品下降到合适的位置，操作人员不需要踮脚或者站在高处拿取物品，非常便利，如图2-50所示。

图2-49  橱柜转角拉篮            图2-50  吊柜升降篮

## 三、厨房电器及配件

厨房电器是专供家庭厨房使用的一类家用电器，按用途分为食物准备、制备、烹饪、储藏和厨房卫生五类。如今的厨房电器，不仅功能更加强大，耗电也越来越少，作为智能家居的一部分，能够实现人与环境的和谐交互，并逐步展现日益强大的新功能。

### （一）抽油烟机

抽油烟机又称吸油烟机，是一种净化厨房环境的厨房电器。它安装在厨房炉灶上方，能将炉灶燃烧的废气和烹饪过程中产生的对人体有害的油烟迅速抽走，排至室外，同时将油烟冷凝收集，减少污染，净化空气，并有防毒、防爆的安全保障作用。按外观抽油烟机可分为四种：中式抽油烟机，欧式抽油烟机，侧吸式抽油烟机，多媒体智能抽油烟机。

### 1. 中式抽油烟机

中式抽油烟机简洁轻巧，经济实惠，一般参照中国人的烹饪习惯设计。中式烹饪讲究多油和猛火，油烟量较大，因此必须采用大排量的抽油烟机，所以从吸油烟的能力上说，中式抽油烟机更适合中国人的需求。中式抽油烟机如图2-51所示。

## 2. 欧式抽油烟机

欧式抽油烟机一般参照欧美国家的饮食习惯设计，欧美的烹饪一般产生油烟较少，所以小排量的抽油烟机就可以满足需求，这也是欧美国家橱柜大多为开放式的原因。欧式抽油烟机也属于顶吸式抽油烟机，体积相对较大，价格较为昂贵，噪声小。国内的一些厨卫生产厂家已经对欧式抽油烟机内部进行改良，研制出了适合中国人使用的大吸力欧式抽油烟机，所以不用担心欧式抽油烟机吸力效果差。欧式抽油烟机如图2-52所示。

## 3. 侧吸式抽油烟机

侧吸式抽油烟机是一种从侧面进风，采用油烟分离技术以达到油烟抽净效果的机器，进风口离油烟源头更近，能第一时间锁住产生的油烟，并且可以有效缩短油烟上升的运动距离，排烟效果更理想，如图2-53所示。

由于在集烟腔外观上采用了敞开式的设计，增加了烹饪空间范围，使用时不会有压抑感，也有效避免了碰头问题。

## 4. 多媒体智能抽油烟机

多媒体智能抽油烟机是采用了现代工业自动控制技术、互联网技术与多媒体技术的产品，能够自动感知工作环境空间状态、产品自身状态，能够自动控制及接收用户在住宅内或远程的控制指令。更高级的智能抽油烟机作为智能家电的组成部分，能够与住宅内其他家电和家居、设施互联组成系统，实现智能家居功能。多媒体智能抽油烟机如图2-54所示。

图2-51　中式抽油烟机

图2-52　欧式抽油烟机

图2-53　侧吸式抽油烟机

图2-54　多媒体智能抽油烟机

## （二）燃气灶

燃气灶是指以液化石油气（液态）、人工燃气、天然气等气体燃料进行直火加热的厨房用具。主要有两种：台式灶和嵌入式灶。

### 1. 台式灶

台式灶的特点是灶台主体在台面之上，通过燃气灶上的四个炉脚直接放置在灶台上使用，价格较低，但不具备保洁功能。台式灶如图2-55所示。

图2-55　台式灶

### 2. 嵌入式灶

嵌入式灶的操作面在台面上，其他部分嵌入台面或者柜体之内，如图2-56所示。嵌入式燃气灶看上去就比较舒服、清爽，整个厨房的格调都提升不少，而且嵌入式灶相对来说清洗更加方便。

图2-56　嵌入式灶

## （三）消毒柜

消毒柜是指通过紫外线、远红外线、高温、臭氧等方式给餐具等物品进行烘干、杀菌消毒、保温除湿的工具。外形一般为柜箱状，柜身大部分材质为不锈钢，面板为钢化玻璃或者不锈钢。消毒柜一般为嵌入式，即在橱柜的柜体中进行嵌入式安装，如图2-57所示。

图2-57　嵌入式消毒柜

## （四）集成灶

集成灶是一种集抽油烟机、燃气灶、消毒柜、储藏柜等多种功能于一体的厨房电器，行业里也称作环保灶或集成环保灶，如图2-58所示。具有节省空间、抽油烟效果好、节能、低耗、环保等优点。

图2-58　集成灶

## （五）冰箱

　　冰箱是最重要的用于储存食物的家电。一般来说，冰箱应设置在准备区，但由于冰箱体积较大，在面积小的厨房可能无法放置，往往会放置在厨房外；也可设计内置式冰箱，使得冰箱成为橱柜的一部分。厨房内置式冰箱如图2-59所示。

图2-59　厨房内置式冰箱

## （六）台上电器

　　台上电器类型很多，多指放置在台面上且体积较小的家电，如微波炉、电饭煲、烤箱、榨汁机等，如图2-60所示。

## （七）其他电器

　　根据客户的需求，厨房还有很多非必备家电，如垃圾处理器、净水器、面包机等，如图2-61所示。

　　厨房电器种类繁多，为保证设计的人性化和避免疏漏，设计师在进行橱柜设计时，应将电器的功能、尺寸、摆放位置、上下水和用电等因素均考虑进去。

图2-60　厨房台上电器

图2-61　其他电器

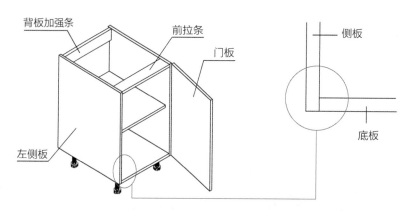

任务三

# 整体橱柜设计

## 一、橱柜功能柜结构及尺寸

### 1. 地柜

橱柜的地柜，顾名思义，是位于地面之上的柜体。外形上一般是没有顶板的普通柜体，采用侧板夹底板结构；内部一般设计若干个活动搁板，下方一般会放置可调节地脚，上方根据柜体的结构要求，在其后侧一般会设置背板加强条，前侧设置前拉条。橱柜地柜的基本结构如图2-62所示。

图2-62　橱柜地柜的基本结构

厨房地柜大多采用单元柜体根据实际情况排列所得。地柜用途不同，尺寸也有所区别：高度一般为650~850mm，具体尺寸可以根据使用者的身高来确定；深度一般为500~600mm，以保证使用者舒适拿取物品及进行烹饪等操作。

普通单开门地柜宽度为300~600mm；如果是双开门，其宽度一般为600~1200mm；如果设计为抽屉地柜，其宽度尺寸应该为300~900mm；如果地柜设计为内含拉篮（米箱）或者其他五金配件，其尺寸应当配合五金配件的尺寸来设计，一般为150~500mm。

如果设计为水盆地柜，根据水盆的大小进行设计，一般为600~1100mm。注意：水盆柜前拉带采用铝合金拉带，一般情况下没有搁板，底板配有用于防水的铝箔纸或者不锈钢板。

如果是嵌入式烤箱或消毒柜地柜，可根据烤箱或消毒柜的大小进行设计，一般为600mm。因为烤箱或消毒柜的高度不统一，所以在设计时应在烤箱或消毒柜的下方或上方增加面板,如图2-63所示。

在设计厨房空间布局时,常常需要设计转角地柜。转角形式多样,应根据实际情况和客户需求进行合理设计。常见转角地柜形式有一字转角地柜、五角地柜、六角地柜、开放式地柜。

一字转角地柜也叫插入式转角地柜。在转角处有A、B两个柜体,其中A柜体贴合背面墙壁,B柜体的侧面则盖住A柜体的正

图2-63 嵌入式烤箱或消毒柜地柜

面,A、B两个柜体门板分别向另外一侧柜体方向开启,在B柜与A柜之间增加一个封板,以保证B柜门板可以正常开启。一字转角地柜如图2-64所示。

为了保证门板的开合顺畅,若采用常用的直臂铰链,可在其内部增加立签,方便安装,如图2-65所示。

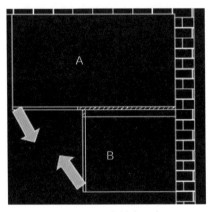

图2-64 一字转角地柜

图2-65 一字转角地柜立签

五角地柜是常见的转角地柜形式,因其俯视图为五角形而得名。五角地柜是两个背板分别贴合两侧墙体,两个侧板与两个方向的地柜贴合,门板铰链通常采用135°铰链,如图2-66所示。

六角地柜的结构和五角地柜类似,但设计门板时需注意选取铰链规格,六角地柜(图2-67)设计时铰链常采用a处放置普通全盖铰链和b处放置165°铰链或135°铰链。

目前市场上橱柜五金配件种类较多,可根据客户需求在此处设计各类功能性地柜,如图2-68和图2-69所示。

开放式转角地柜也是如今较多客户的选择。其柜体结构和五角地柜或六角地柜类似,无门板,可以方便拿取常用的物品。开放式转角地柜如图2-70所示。

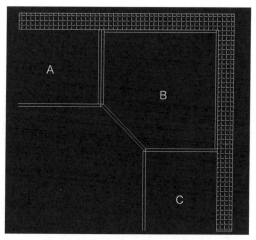

图2-66　五角地柜

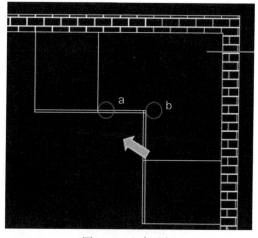

图2-67　六角地柜

图2-68　六角地柜——抽屉地柜

图2-69　六角地柜——拉篮地柜

图2-70　开放式转角地柜

## 2. 吊柜

相比地柜来说，深度较小，且需要用吊挂件安装在一定高度墙面上的柜体称为吊柜。吊柜为左右侧板夹顶、底板的结构形式，背板采用四面插槽结构，即在左右侧板和顶、底板上开槽，将背板插在槽内。吊柜柜体内部可以设计一层或两层可调节高度的活动搁板。吊柜结构如图2-71所示。

厨房吊柜大多根据实际情况将单元柜体进行合理排列，一般会和下方的地柜一一对应。其用途比较多，尺寸也根据用途有所区别，吊柜高度一般为600～800mm，悬挂

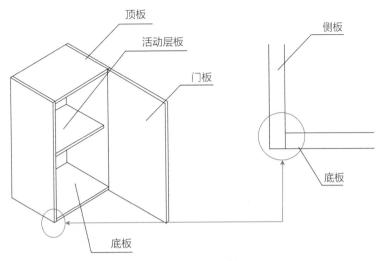

图2-71　吊柜结构

高度一般根据台面高度、抽油烟机形式和尺寸而定，通常吊柜下沿距离台面650～800mm。

吊柜深度一般为300～450mm，普通单开门吊柜宽度为300～600mm，双开门吊柜宽度为600～1200mm。

为了方便开合，在设计时吊柜的门板可以选择上翻门，上翻门吊柜的宽度最小为500mm，最大为1000mm。一般来说，上翻门宽度应为700～850mm，美观，不易变形。

由于吊柜所在的空间有抽油烟机，所以在设计吊柜时还要注意抽油烟机柜的尺寸。常见设计是将抽油烟机嵌入吊柜中，这种设计首先要与客户探讨，问清楚其要使用的品牌型号或者实地进行测量，设计时柜体的内部宽度应大于抽油烟机的宽度，此时吊柜内部一般不设计搁板，如图2-72所示。也可以根据抽油烟机的形状，设计成扁担吊柜，如图2-73所示。

图2-72　抽油烟机吊柜

图2-73　抽油烟机扁担吊柜

### 3. 高柜

高柜能够充分利用厨房空间，可将其作为储藏柜来使用，不太常用的物品都可以收纳进来，既节约空间，又使厨房显得整齐、利落。另外，高柜中的搁板一般设计成活动搁板，以方便收纳。

厨房高柜占地较大，要求厨房面积较大，一般只有一面墙可安装橱柜的小厨房不宜设计高柜，容易显得拥挤，有两面或三面墙都有安装橱柜条件的厨房可以考虑，占用一面较窄的墙设计比较合理，也可以设计在较宽墙的一个角落里。

高柜的结构与吊柜结构类似，采用侧夹顶、底结构，背板采用插槽结构，底板下方安装地脚，地脚前端放置与地柜相同的橱柜踢脚板，内部可以设计为多种结构形式，如多个搁板、抽屉等。高柜如图2-74所示。

图2-74　高柜

高柜顶部一般和吊柜顶部对齐，深度方向和地柜相同，宽度方向按照地柜单元柜的尺寸设计，显得整体更加美观、利落。

### 4. 半高柜

半高柜结构和高柜结构几乎相同，功能也几乎一样，除了高度以外的其他尺寸和高柜均相同。半高柜的高度比高柜低，一般半高柜的顶端在吊柜下沿高度位置，且没有操作台的作用，一般为1400～1600mm。半高柜如图2-75所示。

图2-75　半高柜

### 5. 台上柜

台上柜是落在台面上的柜体，一般设置在布局两侧不常活动的区域内。其上沿和吊柜对齐，下沿落在台面上，深度与吊柜相同，宽度方向参考吊柜尺寸。台上柜如图2-76所示。

图2-76　台上柜

## 二、橱柜水电设计

在进行厨房布局和橱柜设计时，设计师往往面对的是"清水房"，此时厨房水电尚未布局，基础装修也没有开始，可以根据客户需求和实际情况来合理设计水电位置，并画出水电图纸，为后续设计和将来客户使用带来便捷。布置水位和电位时，要规避各种障碍物，如要避开侧板、阀门、开关等，以免给安装带来麻烦；同一设备的冷热进水阀高度应一致，同一类型的插座高度也要一致，插座间距要协调，水电位设计要符合人体工程学，同时要做到安全、便捷、美观。

### （一）水位设计

厨房水位设计一般包括水槽冷热进水、排水位置以及洗碗机和洗衣机的进水、排水位置设计等。

### 1. 水槽冷热进水、排水位置确定

（1）冷热进水口水平位置的确定

冷热进水口一般设计在水槽柜中，要注意水槽柜侧板和下水管的影响，还要考虑预留冷热水口连接和维修的操作空间。

（2）冷热进水或水表的高度确定

考虑冷热进水口和水表的连接、维修、查看的操作空间及洗菜盆和下水管的影响，一般设计在离地200～400mm的位置比较合适。

（3）排水口位置的确定

主要考虑排水的通畅、维修方便以及和地柜之间的影响，一般设计在洗菜盆的下方比较合适。

### 2. 洗碗机、洗衣机进水口和排水口位置确定

（1）进水口位置

洗衣机或洗碗机通常只连接冷水进水口即可，通常设计在机体两侧柜体中，高度设计在离地200～400mm的墙面位置。多数情况下，洗衣机或洗碗机都与水槽共用进水口。厨房进水口水位设计如图2-77所示。

（2）排水口位置

排水口一般设计在洗碗机机体的左右两侧地柜内（安装洗碗机排水口的地柜尽量不

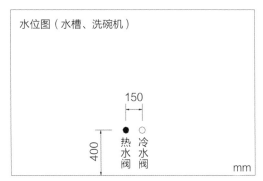

图2-77　厨房进水口水位设计示意图

要装配件或抽屉），不应将其安排在机体背面，通常将洗衣机或洗碗机放置在水槽柜旁，方便与水槽共用排水。

## （二）电位设计

厨房常用电器有抽油烟机、消毒柜、微波炉、电饭煲、冰箱等，这些厨房电器的电源插座位置设计非常重要，直接影响橱柜的整体设计和电器使用是否便捷。

### 1. 抽油烟机电位

抽油烟机分为中式和欧式两种。中式抽油烟机电源插座一般设置在机体的右上方，离地2000～2100mm；欧式抽油烟机电源插座一般可放在抽油烟机的金属排烟管后方墙壁上，这样安排插座和电线比较美观，但是抽油烟机维修、清洗时断电不太方便，也可以放在烟管的侧面，这样便于抽油烟机维修、清洗时断电，但插座和电线外露，会影响美观。一般来说，抽油烟机插座应该距离地面2000mm以上，但始终要注意抽油烟机安装和烟管带来的影响。

### 2. 电饭煲电位

电饭煲一般放置在台面上，是台面电器的代表，应根据设计方案综合规划台面上使用电器的插座位置。一般来说，插座高度要在1000mm以上，通常为1100～1300mm。为了美观，在设计时尽量将台面电器插座布置在同一水平线上。

### 3. 微波炉电位

如果微波炉在吊柜中，则一般将插座设计在微波炉所在吊柜的上半部，便于切断电源；如果微波炉放在台面上，那么它的插座应和台面电器的插座一样设计。

### 4. 消毒柜电位

嵌入式消毒柜的插座一般安排在嵌入式消毒柜所在地柜的相邻地柜中，便于切断电源，也可安排在嵌入式消毒柜所在地柜的墙面上。插座离地高度一般为400～500mm。吊挂式消毒柜的插座一般安排在吊柜中，这样插座和电线不会外露，也可以安排在消毒柜下方，但电线外露，影响美观。

### 5. 烤箱电位

嵌入式烤箱的插座一般安排在其所在地柜的旁边地柜中，离地高度一般为400～500mm，为了安全起见，不应设计在烤箱的正后方墙面上。

## 6. 其他电位

炉灶为电磁炉或带电炉的插座一般安排在炉头的正下方墙面上，高度通常安排在离地600~700mm；在吊柜中或吊柜底部设计筒灯或灯带，用来照明和增加美观性，灯具电源通常安装在某一组吊柜中；对于净水装备或小厨宝等电器的电源一般安排在其设备所在的柜体中。需要注意的是，既有水位又有电位的柜体中，为了保证安全，电位需高于水位100mm，并且要错开100mm，不能位于水位正上方。

厨房电位设计如图2-78所示。

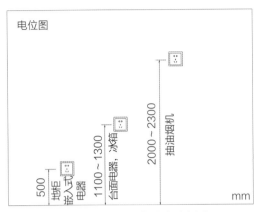

图2-78 厨房电位设计示意图

---

**任务四**

# 案例分析——L 形橱柜设计

## 一、案例导读

刘××在某小区购置了一套152m²住房，户型图如图2-79所示，现在处于装修阶段，刘××在家具卖场选择某整体橱柜品牌，该品牌设计师对其厨房空间的整体橱柜进行了设计。

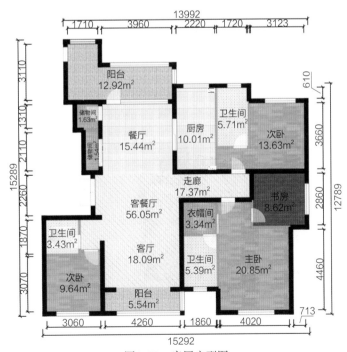

图2-79 房屋户型图

# 二、L形橱柜设计

## （一）橱柜布局确定

### 1. 客户需求确认

通过与客户沟通，客户为四口之家，男、女主人和两个孩子，通常男主人使用厨房较多。客户的整体装修欲采用现代轻奢风格，更注重厨房的功能性。

客户已经提前在网上选购好抽油烟机、水槽、灶具和一些嵌入式的厨房电器，包括：欧式抽油烟机（图2-80），灶具（图2-81），嵌入式烤箱（图2-82），嵌入式消毒柜（图2-83），水槽（图2-84）。同时，考虑餐厅空间较大，所以将冰箱放置在餐厅。

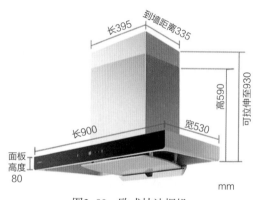

图2-80 欧式抽油烟机

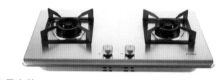

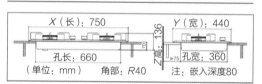

图2-81 灶具

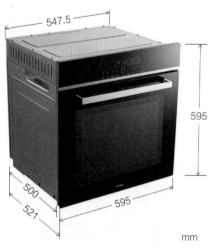

图2-82 嵌入式烤箱

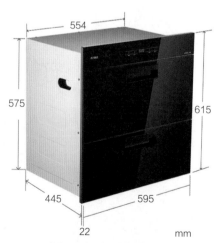

图2-83 嵌入式消毒柜

## 2. 厨房工况初尺测量

设计师对工况进行初尺测量。首先绘制测量图，通过与客户沟通和分析，布局形式基本确定为L形橱柜，涉及四面墙体，采用平、立面相结合的测量图绘制法可以表现出完整的空间状况。

绘制测量图后，首先测量空间每一个墙面的长度和高度，然后测量墙柱和墙体之间是否呈90°，最后量取地热分水器、上下水管道、燃气管道和燃气表的位置尺寸。该工况的初尺测量如图2-85所示。

## 3. 功能定位与布局

刘××家的厨房空间现场工况如图2-86所示，首先确定厨房的功能定位。

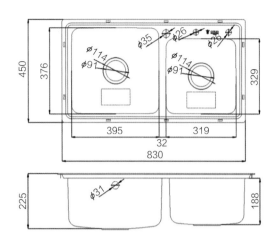

| 产品型号：OLJD655-B | 水槽款式：双槽 |
|---|---|
| 外观尺寸：830mm×450mm | 板材厚度：1.0（mm） |
| 槽　深：225mm | 成型工艺：一体拉伸 |
| 表面工艺：不沾油拉丝 | 台上挖孔尺寸：814×434×R20 |
| 产品配置：114双+114单落水器+50排水管+503L皂液器+净水孔盖+沥水篮 | |
| 台下盆挖孔尺寸：798×418×R25 | |

图2-84　水槽

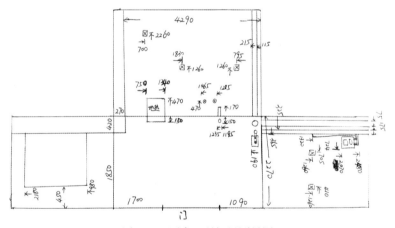

图2-85　厨房工况初尺测量图

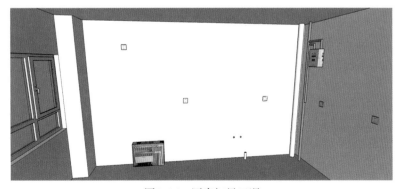

图2-86　厨房初尺工况

在厨房空间中，有上下水管道、燃气管道、燃气表、地热分水器、烟道和窗等影响橱柜布局的障碍物。结合现场情况和客户需求，首先确定抽油烟机、灶具、水槽和嵌入式电器的摆放位置，并确定厨房的功能分区，如图2-87所示。

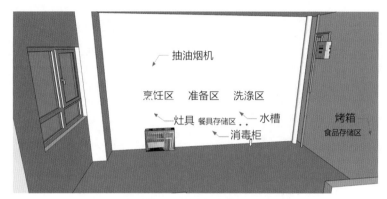

图2-87 厨房功能区

根据功能区的位置确认，依据厨房工作的三角原理，最终确定将该厨房设计为一款L形橱柜最合适，即地热分水器所在墙面和燃气表所在墙面两面墙的橱柜，既可以做吊柜，又可以做地柜，储物空间足够，还可以放置一些功能电器。

## （二）橱柜初步方案设计

### 1. 收纳空间

在功能定位中已经确定灶具、水槽、嵌入式电器的摆放位置，下面确定其他的收纳单元。为了便于表达整体橱柜设计，将地热分水器所在墙定义为A面墙，将燃气表所在墙面定义为B面墙。

首先确定地柜的收纳功能，结合已确定的功能区，可将餐具以及其他工具、调料的存放区设置在灶具周围，即在灶具的左侧设计一组抽屉，作为餐具的收纳空间，在右侧设计一组抽屉，用于放置烹饪工具和调料；可在灶具的正下方地柜内放置碗、盘；考虑到消毒柜也可以放置碗、盘，且为了便于清洗，可在灶具右侧和水槽之间的准备区下方放置消毒柜，如图2-88所示。

在水槽柜中，还需要放置一个厨宝。因下水管线较多，能利用的空间有限，再放置一些洗涤用具即可，将水槽柜作为洗涤区。

洗涤区右侧的墙角位置和相邻整面墙位置可以用作食品存储区，同时可以将微波炉、电饭煲等电器放置在台面上，作为第二烹饪区。另外，为了增加储物空间，可以再设计一个储物高柜，将嵌入式烤箱放置在高柜中，如图2-89所示。

在进行吊柜收纳单元设计时，首先确定抽油烟机的位置，应设计在灶具的正上方，

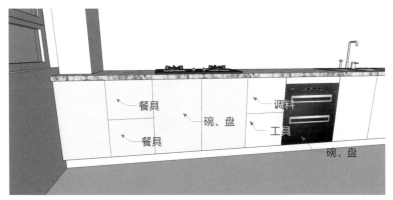

图2-88　餐具存储区布局

图2-89　食品存储区

距离台面高度取决于抽油烟机的有效吸烟距离，一般高度为抽油烟机底端距离台面700～750mm。因为吊顶较高，同时考虑用吊柜包住燃气表，所以将吊柜的下沿高度设计在抽油烟机盘的上沿位置。

转角处的吊柜在设计时要充分考虑到转角位置的管道，因下水主管道和燃气管道、燃气表均在这个位置，设计时采用常用的一字转角柜设计形式，两个管道隐藏在吊柜L形转角处，被两侧柜体遮挡，同时将燃气表包在一侧吊柜里，如图2-90所示。

考虑测量尺寸的误差，在转角柜结合处增加一个调整板，且在调整板的下端增加一个调整板底封条，防止吊柜底板露出空隙，吊柜和台面间的管道可用人造石英石台面材料包起来，如图2-91所示。

右侧墙体的吊柜，在设计时需要考虑燃气表的高度和水平方向的位置，将燃气表设计在柜体中，如图2-92所示。

图2-90　吊柜转角柜形式

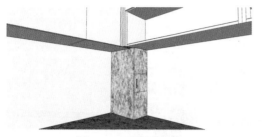

图2-91　石英石包管

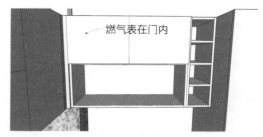

图2-92　B面墙吊柜

## 2. 障碍物处理

该空间中影响橱柜整体效果的障碍物包括下水主管道、燃气主管道、燃气表、水槽上下水管道、地热分水器。

地热分水器在灶台地柜的位置，可用尺寸调节的方法将其整体放置在灶具地柜中，水槽的上下水管道根据地柜尺寸的布局将其放置在水槽地柜中。

在设计吊柜时，应将燃气表、燃气主管道和下水的主管道包裹在吊柜中。两个管道在吊柜与台面间的部分，采用石英石台面进行包管处理。

## 3. 尺寸确定和造型设计

在初尺测量中，现场是毛坯结构房屋，所以在进行橱柜布局时需要对每一面墙体进行墙砖尺寸预留，即每一面墙体去除25mm的贴砖量。下面即可根据空间障碍物尺寸、功能和布局形式进行尺寸设计。

首先在柜体的高度上采用通用的标准高度，因为是男主人下厨房较多，所以台面设计较高一些，距离地面的高度为840mm，其中包含地脚高度100mm，地柜柜体高度700mm，台面厚度40mm。

考虑到对称的美学法则，在抽油烟机两侧设计大小相同的开放式吊柜，如图2-93所示，此时必须将烟管采用走吊顶的设计形式。

水槽上方的吊柜设计选择性较多，普通开门、上翻门均可以采用，只要保证门板的大小比例协调即可。

吊柜的起吊高度取决于抽油烟机和抽油烟机柜的设计形式，刚才已经确定了抽油烟机的尺寸和抽油烟机吊柜的设计形式，所以吊柜的起吊高度是距离台面780mm。吊柜的整体高度还要考虑到包裹燃气表，燃气表位置稍低，所以将吊柜高度设计为750mm。

图2-93　抽油烟机吊柜

　　柜体深度采用通用的标准尺寸，台面深度600mm，地柜不包含门板的深度为550mm，吊柜不包含门板的深度为350mm。

　　设计柜体宽度时，首先考虑灶具地柜和水槽柜的宽度，因为采用的都是双开门的形式，通常设计的宽度尺寸为800～900mm，且考虑到地热分水器和上下水位置，灶具地柜宽度设计为800mm，水槽地柜宽度设计为900mm。

　　消毒柜地柜的标准宽度为通用的600mm，且设计在灶具和水槽地柜之间，所以确定灶具地柜右侧的抽屉地柜宽度为400mm。为了保证对称，左侧的抽屉地柜同样设计为400mm。

　　最后在左侧剩余410mm的尺寸位置做一个单开门地柜，因为这组地柜在烟道的前面，所以只能设计为进深130mm。

　　在A面墙的最右侧设计一个一字转角柜，转角柜的侧板让出管道的位置（此处与吊柜设计方式相同），可以做一个800mm宽的地柜，门板宽400mm。

　　A墙面地柜宽度设计如图2-94所示。

　　在B墙面，首先考虑最右侧设计一个高柜，因为高柜要放置嵌入式烤箱，所以高柜的宽度确定为600mm。在高柜和A墙面之间剩余1050mm，可以设计1个1000mm的对开门地柜和50mm的调整板，如图2-95所示。

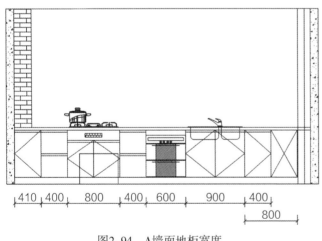

图2-94　A墙面地柜宽度

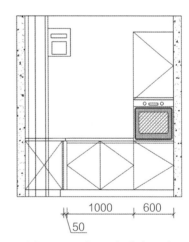

图2-95　B墙面地柜宽度尺寸

　　确定地柜尺寸后，根据灶具和抽油烟机中心线的位置，先确定抽油烟机吊柜的中心位置，因为是900mm宽的欧式抽油烟机，所以抽油烟机柜也设计为900mm。此时，抽油烟机柜距离左侧的烟道空隙为490mm，设计一个开放柜，为了保证对称，右侧同样设计一个490mm的开放柜。

　　抽油烟机右侧的空间较大，门板宽度设计为400mm，然后用一个上翻门吊柜调节尺寸。通过尺寸的预设和对比，发现可以设计成一个800mm的对开门柜体、一个750mm宽的上翻门柜体和一个柜体宽度为600mm、门板宽度为400mm的一字转角柜，如图2-96所示。

在B面墙体上设计吊柜时，发现转角处A面墙的吊柜门板和B面墙高柜侧板之间距离为1250mm，如果设计一个柜体，则该柜体过大，影响柜体强度，所以将其设计成一个1000mm宽的上翻门半开放吊柜和一个220mm宽的开放吊柜，燃气表包裹在上翻门里面，同时还保留一个30mm宽的调整板，如图2-97所示。

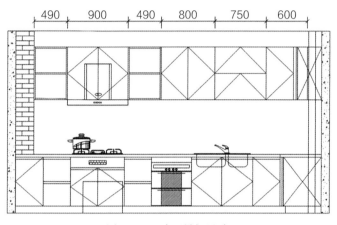

图2-96　A墙面吊柜尺寸

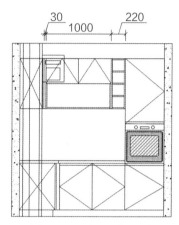

图2-97　B墙面吊柜尺寸

## 4. 收口容错

在该L形方案设计中，因为是初尺测量，所以会与复尺测量时有一定的尺寸误差，为了减少初尺方案的变动，可以采用调整板和柜体留空的收口容错方式。

在A墙面的地柜和吊柜设计中，一字转角柜都与管道留有一定的空隙，如图2-98和图2-99所示，这样做第一是为了给复尺后更改柜体尺寸留有余地，第二是减小初尺测量产生的误差造成的影响。

在B墙面，容错的方式是调整板，在一字转角柜收口的位置设计一个调整板，用来调整柜体宽度。

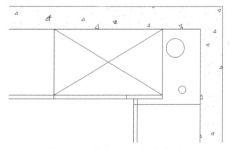

图2-98　吊柜转角部分结构

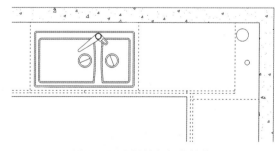

图2-99　地柜转角部分结构

在柜体的高度上，暂时没有给出吊柜顶封板的尺寸，因为考虑吊顶实际高度需要复尺后才能得到，所以复尺后再计算顶封板的高度即可。

## 5. 台面设计

首先根据以上橱柜方案，设计台面的整体尺寸，并确定前沿样式和挡水样式，如图2-100所示，虚线部分为台面前沿，实线部分为台面挡水。然后根据设计方案中水槽和灶具的开孔位置和尺寸，在台面图上进行标识，最后绘制出台面接驳位置，如图2-101所示。

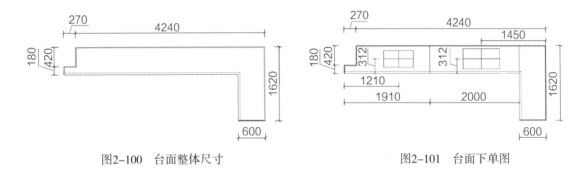

图2-100　台面整体尺寸　　　　　　　图2-101　台面下单图

## （三）橱柜水电设计

结合以上橱柜设计方案和厨房用水及电器放置位置，设计师进行厨房水位和电位的改造预留。

## 1. 水位设计

首先进行水位改造，因为在方案设计时已经考虑到现有水位的位置，所以不需要改动。

## 2. 电位设计

厨房中涉及用电的设备有以下几种：

①抽油烟机：将抽油烟机的电源设计在机体装饰罩（烟机脖）右侧位置。

②嵌入式消毒柜：为了方便切断电源，将消毒柜的电源设计在相邻的水槽柜中，并且做防水处理。

③厨宝：厨宝放置在水槽柜中，电源也放置在水槽柜中，并做防水处理。

④燃气报警器：将燃气报警器和燃气表放置在同一个柜体中，便于报警器工作。

⑤嵌入式烤箱：嵌入式烤箱放置在高柜中，为了方便切断电源，设计时将电源放置在烤箱下面的柜体中。

⑥台面用电器：在高柜左侧有一个很大的台面空间，这个区域可以放置一些台面用电器，所以在这个区域中设计了3个五孔插座；同时，在水槽的右侧再设计2个台面电源，方便

更多电器的使用；在灶具和水槽中间的准备区放置一个电源，留作备用。

⑦吊柜底板灯：因为厨房空间较大，在吊柜的底板上设计了底板灯，需要给其预留插座，可将其放置在抽油烟机柜中。

综上，L形橱柜水电设计方案如图2-102所示。水电位按照水电方案图进行施工，施工后厨房水电位如图2-103所示。

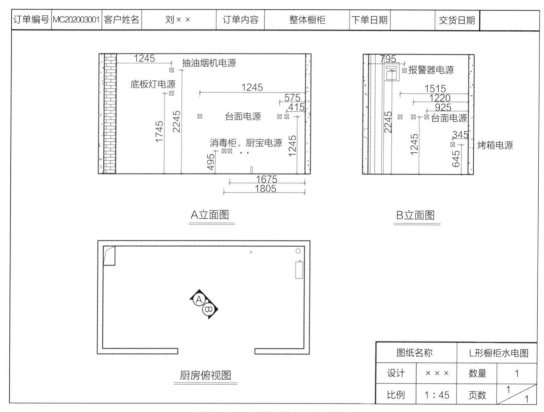

图2-102　L形橱柜水电方案图

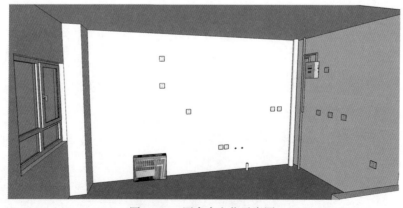

图2-103　厨房水电位示意图

## （四）橱柜最终方案设计

### 1. 厨房工况复尺测量

　　完成墙砖和地砖的铺贴后，对厨房进行复尺测量。工况复尺测量时，主要测量以下几个内容：①每个墙面的长度、高度测量；②校验墙体之间的角度是否呈90°；③测量墙柱的尺寸；④测量空间中影响橱柜设计的障碍物位置尺寸；

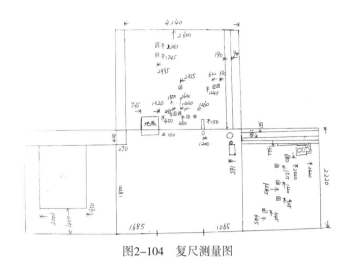

图2-104　复尺测量图

⑤校验水电预留位置尺寸。绘制该空间复尺测量图，如图2-104所示。

### 2. 最终设计方案

　　L形橱柜最终设计方案如图2-105所示。

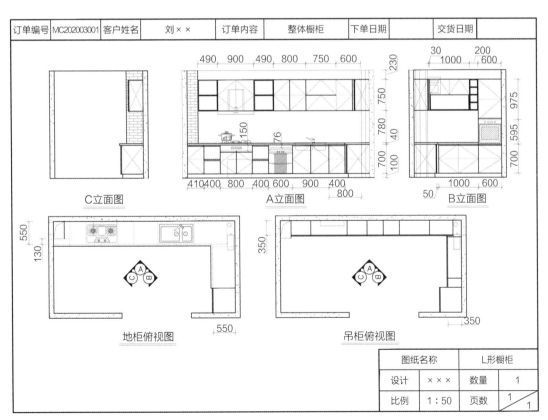

图2-105　L形橱柜方案图纸

## （五）L形橱柜家居云效果图设计

在完成橱柜的布局和功能设计后，要进行效果图设计，设计师应按照客户的风格喜好，首先确定门板造型、材质和颜色，根据门板选择适合的拉手，然后确定柜体材质和颜色，最后确定台面材质和颜色以及前后挡水造型，通过家居云设计平台，快速展现橱柜效果图。制定设计方案时，可以使用家居云设计中智能设计等功能，快速出效果图，其中全屋漫游图能够以二维码形式供客户查看，既保证效果真实，又便于与客户沟通，可在较短的时间内与客户敲定效果图方案。

扫码查看现代
轻奢风格橱柜
全景漫游图

### 1. 现代风格家居云效果图设计

按照现代轻奢风格，在与客户沟通后，确定橱柜门板使用中纤板喷涂白色烤漆高光门板，地柜使用金色隐藏式拉手，简洁大方，衬托白色烤漆门板，更显奢华；为了保证极致的简洁性，吊柜设计成无拉手按压式开门方式；台面使用高级灰石英石，与白色橱柜形成对比，使厨房空间更具层次感。确定以上内容后，在家居云设计平台中，按照橱柜方案中给出的尺寸造型，分别画出地柜、吊柜、台面，再按照水电位置画出插座，后期进行装饰和灯光设计后即可出效果图，还可进一步生成全景漫游图。效果图如图2-106和图2-107所示。需要注意的是，效果图出图后，设计师应与客户充分沟通，如客户提出异议，可及时进行调整，直到客户满意为止。

图2-106　现代轻奢L形橱柜效果图（1）

图2-107　现代轻奢L形橱柜效果图（2）

### 2. 拓展——欧式及新中式风格家居云效果图设计

按以上案例中户型，对厨房空间分别进行欧式和新中式风格家居云效果图设计，以供大家参考学习。欧式风格效果图如图2-108和图2-109所示，新中式风格效果图如图2-110和图2-111所示。

扫码查看欧式
L形橱柜全景
漫游图

扫码查看新中
式L形橱柜全景
漫游图

图2-108　欧式L形橱柜效果图（1）

图2-109　欧式L形橱柜效果图（2）

图2-110　新中式L形橱柜效果图（1）

图2-111　新中式L形橱柜效果图（2）

## 三、案例小结

本案例为典型现代风格L形橱柜，在该案例中主要讲了以下几个重要内容：

（1）厨房布局和功能分区的确定方法；

（2）初尺测量后，初尺方案设计时尺寸的预留方法；

（3）抽油烟机吊柜的设计形式；

（4）一字转角地柜和吊柜的设计方法；

（5）障碍物隐藏的方法；

（6）整体橱柜尺寸设计的方法；

（7）抽油烟机、灶具、水槽等电器配件柜体尺寸；

（8）嵌入式电器的柜体尺寸；

（9）抽油烟机、厨宝、嵌入式消毒柜、嵌入式烤箱、燃气报警器和台面电器电源预留的位置；

（10）包管设计方式。

## 同步练习

　　某户型复尺测量图如图2-112所示，请根据该图设计一款L形橱柜，完成设计方案及效果图。

**客户要求：** 橱柜风格为现代简约，门板采用三聚氰胺饰面板。厨房电器有900mm宽欧式平板抽油烟机、620mm高嵌入式消毒柜，配件有724mm宽双槽盆水槽、700mm宽双眼灶具。

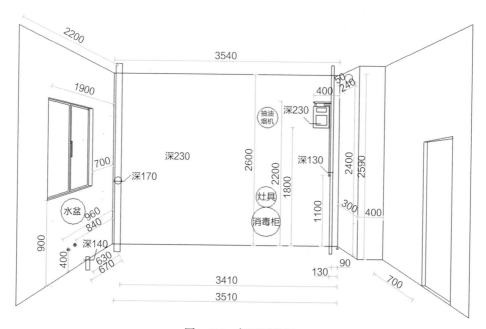

图2-112　复尺测量图

# 衣帽间空间家具设计

# 衣帽间空间概述

## 一、整体衣柜简介

我国家具行业的"整体"概念发展从1995年推拉门开始。1997年，史丹利滑动门将美国移动门带入国内市场，提出"壁柜门"概念，从此家具开始进入定制时代。2000年，索菲亚、德国富禄等知名品牌也相继进入国内市场。壁柜门的不断推广与普及，带动了整体衣柜在国内的消费理念，拉开了定制衣柜在中国发展的序幕，但此时，对于这个行业仍没有一个明确的称呼。直到2004年，英国好莱客、美国凯蒂（KD）、广州诗尼曼等国内外整体衣柜品牌相继进入行业，同时各个城市的地方性品牌也开始涉足移门及衣柜行业，此时很多装饰公司才提出了整体家居概念，而好莱客公司率先在行业内提出了"整体衣柜"概念。

2005—2006年，出现了以整体橱柜为成熟产品的企业：欧派。2007年，以整体厨房、整体卫浴、室内套装木门著称的科宝·博洛尼进一步提出了"整体家装"的概念，集全屋家具定制与装修、设计为一体。至此，整体衣柜行业格局也基本确立。2008年至今，随着行业的不断发展，竞争日益激烈，品牌意识开始凸显，各大品牌开始走上品牌扩张之路。

所谓"整体衣柜"是指按照用户需求，根据具体的室内空间位置，通过现场测量、量身定制、个性化设计、标准化和规模化生产，再经过现场安装而成的依附于建筑物某一部分，并与其形成刚性连接的集成柜类家具。"整体衣柜"又被称为定制衣柜、衣帽间、入墙衣柜等，具有时尚环保、量身定制、节省空间、经济实用、功能完善、风格统一等特点，主要分为两类，即有门的和无门的（开放式）。

## 二、衣帽间的布局形式

### 1. 一字形衣柜

一字形衣柜是卧室常用衣柜类型之一，适合比较狭窄的空间，其收纳空间不大，但给人简洁、明快的感觉。整个衣柜设计在一条直线上，占用空间小，通过设计师的精心规划以及使用功能配件来充分利用空间，非常适合面积较小的户型，如图3-1所示。

图3-1　一字形衣柜

## 2．L形衣柜

L形衣柜面积大，适合房间形状比较规整或存在转角处的空间，能够合理有序地安排空间结构，提高空间利用率，如图3-2所示。

图3-2　L形衣柜

## 3．U形衣柜

U形衣柜比较适合设置在独立房间内，既可放衣服，又可储物，如被褥、皮箱等物品，功能强大，使用方便，大户型装修可以考虑，如图3-3所示。

## 4．入墙式衣柜

和传统衣柜相比，入墙式衣柜设计对空间的利用率更高，与整个墙体融为一体，不突兀，造型和谐美观。入墙式衣柜是根据房间实际情况量身定制的，更能满足用户的个性化需求，也是近年来较为流行的衣柜形式，如图3-4所示。

入墙式衣柜两大特点：节省空间，同时起到很好的装饰作用；具有较强的收纳功能，灵活性比较高，消费者可以根据实际房屋尺寸进行定制。

另外，制作柜体时可以根据卧室的空间面积以及生活习惯选择趟门（推拉门）或是平开门，如果卧室面积较小，则建议选择趟门，能够有效节省空间。

图3-3　U形衣柜

图3-4　入墙式衣柜

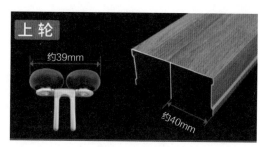

任务二

# 衣帽间五金配件

## 一、趟门配件

滑轮与导轨是趟门的核心技术部位。其质量好坏直接决定趟门的使用寿命，应该现场检验，看是否推拉轻松、顺畅、灵活、静音。

衣柜趟门常采用上下两组滑轮，上轨导向，下轨承重，从而能更好地保护滑轮，延长其使用寿命。目前市面上有塑料滑轮、金属滑轮以及碳素玻璃纤维滑轮三种。塑料滑轮质地坚硬，但容易磨损，使用久了会发涩、变硬，推拉顺畅感变差；金属滑轮强度高，但与轨道接触时容易产生噪声；碳素玻璃纤维滑轮韧性好，内带钢制滚珠轴承，附有不干性润滑脂，推拉时几乎没有噪声，不仅能轻松推拉，顺畅灵活，而且承重大，耐压、耐磨，不变形，如图3-5和图3-6所示。

上轮
约39mm
约40mm

图3-5 上轮

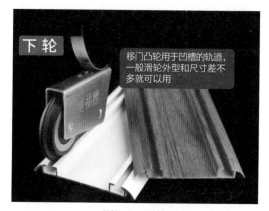

下轮

移门凸轮用于凹槽的轨道，一般滑轮外型和尺寸差不多就可以用

图3-6 下轮

## 二、其他配件

### 1. 挂衣杆

挂衣杆主要有普通挂衣杆、下拉式挂衣架、推拉式挂衣架、旋转衣架等。

普通挂衣杆材料一般分为铝合金和不锈钢两种。铝合金材料硬度高，承重强，表面经过阳极氧化处理，耐磨损、耐刮花。另外，配有胶条的挂衣杆还可以起到消音的作用。一般挂衣杆都呈管状，有扁管和圆管之分，如图3-7所示。

图3-7 普通挂衣杆

　　下拉式挂衣架一般设置在人手所不能及的高度，触及下拉手柄即可方便地存取衣物。下拉式挂衣架的挂衣杆可以调节长度，其支撑架也可以进行长度调节。挂衣架上沿距离顶板内表面要保留一定空间，如图3-8所示。

　　推拉式挂衣架一般固定在搁板的底面，使用时需要抽拉挂衣架，拿取衣物，如图3-9所示。

　　旋转衣架最大优点是可以360°旋转，方便拿取衣物。其既可放置在柜体内，也可以单独放在衣帽间，不但节省空间，挂衣量也是传统衣柜的2～3倍，结构采用优质型材及五金，坚固耐用，如图3-10所示。

图3-8　下拉式挂衣架

图3-9　推拉式挂衣架

图3-10　旋转衣架

## 2. 衣柜拉篮

　　衣柜拉篮是近年来才兴起的一种用于衣柜和衣帽间里收纳衣物的五金产品。拉篮可以让衣柜内的空间使用更为合理化，使用率更高。衣柜拉篮的种类繁多，功能尺寸不尽相同。材质主要以不锈钢和铝合金为主，有些拉篮为增加储物空间，配备藤篮筐，如图3-11所示。

## 3. 衣柜裤抽

　　衣柜裤抽是主要用于衣帽间裤子收纳的一种五金配件，裤子采用叠放悬挂的方式，既可以缩小占用空间，同时也能够对裤子进行保护，防止褶皱。其材质有金属和塑料两种。衣柜裤抽如图3-12所示。

图3-11　衣柜拉篮

图3-12　衣柜裤抽

#### 4. 穿衣镜

衣帽间穿衣镜可以放置于衣柜门板上，也可放置在衣柜内部，采用伸缩方式抽拉。随着生活品质的提高，柜内穿衣镜应用越来越广泛，如图3-13所示，适用于多种衣柜形式，收纳方便，不占用衣柜空间。

图3-13　衣柜折叠穿衣镜

#### 5. 衣柜领带架

衣帽间中，小物件收纳是一件让人十分头疼的事情，而领带架则解决了领带的收纳。领带架种类、样式较多，但是收纳方式基本都为悬挂式，只需将架子安装在衣柜的侧板上，采用抽拉方式拿取领带即可，使用方便，且基本不占用衣柜空间。有些领带架还能兼具收纳围巾等长条物品的功能，如图3-14所示。

图3-14　衣柜领带架

### 任务三

# 衣帽间功能尺寸设计原则

## 一、合理划分区域并满足收纳原则

对整体衣柜的设计，可以按家庭成员的性别、年龄、身份分类放置衣物，如女主人区、男主人区、儿童区、老人区等；或者按穿衣场合和衣物的用途来设计划分储藏区域，如正装区、休闲服区、家居服区等；也可根据衣服的材质、款式搭配等进行分类放置，划分叠放区、挂放区、长衣区、被褥区等专用空间（图3-15）；或者根据季节和更换频率划分区域，如过季区、当季区、常换区。也可与梳妆台、书桌、电视柜等定制组合柜，进行多功能一体化设计，最大化地提升空间利用率，保证空间

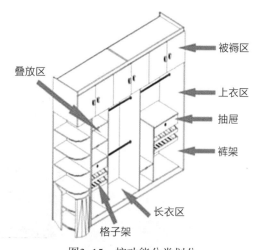

图3-15　按功能分类划分

叠放区

被褥区
上衣区
抽屉
裤架
长衣区
格子架

风格的统一性，如图3-16所示。

## 二、符合人体工程学原则

在整体衣柜设计中，还需考虑人体工程学的知识，对其内部空间进行功能性划分，方便实用，如图3-17所示。

### 1. 长衣悬挂区

长衣悬挂区主要悬挂风衣、连衣裙、羽绒服等长款衣服。挂长大衣的净高度为1450mm。挂衣杆宜采用侧面安装，距上部柜体下表面80mm，单根挂衣杆长度不宜超过1200mm，如超过1200mm就需要考虑加设中部支撑。

图3-16 多功能定制组合柜

图3-17 衣柜功能性划分

### 2. 短衣悬挂区

短衣悬挂区主要悬挂易褶皱和当季常用的短款衣服。挂短衣或上装的净空间高度为950mm。挂衣杆宜采用侧面安装，距上部柜体下表面80mm，单根挂衣杆长度不宜超过1200mm，如超过1200mm就需要考虑加设中部支撑。

### 3. 衣物叠放区

衣物叠放区主要收纳毛衣、T恤、休闲服、家居服等折叠后不易起褶皱的衣服。叠放衣物区深度为450～500mm，设计时，柜体宽度为330～400mm。

### 4. 抽屉收纳区

抽屉收纳区主要放置内衣、首饰、领带、袜子等小件物品。当衣柜深度不足500mm时，可将其做成抽屉格子收纳。

### 5. 顶部收纳区

顶部收纳区主要放置反季衣物和被褥等不经常使用的物品。顶部收纳区高度比较灵活，300mm左右就可以。

🗄 **任务四**

# 案例分析 —— 一字形入墙式衣柜设计

## 一、案例导读

　　张×× 的住宅正处于装修阶段，他想把衣柜设置在主卧内，户型如图3-18所示。主卧房间有一处墙洞，现需要设计师在墙洞内设计入墙式衣柜。

## 二、一字形入墙式衣柜设计

### （一）布局确定

#### 1. 客户需求确认

　　通过与客户沟通得知，客户家中整体装修风格为

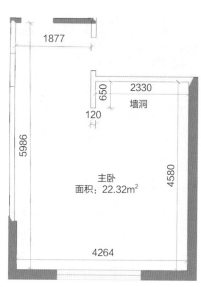

图3-18　主卧户型图

简欧风格，衣柜内部空间需要有挂长衣和短衣的地方，平时习惯用抽屉和整理箱收纳叠放的衣物和内衣裤。其他房间有单独的衣帽间，所以在主卧室内的衣柜只需要放置一些贴身衣物、睡衣、睡袍、床单、被罩和过季的被子等。客户已经在线上购买了整理箱，如图3-19所示。

#### 2. 工况测量

　　设计师对入墙式衣柜的工况进行测量。首先进行测量图的绘制，因为该衣柜空间有三面墙体，且没有影响衣柜设计的障碍物，所以采用平面测量图绘制法就可以表现完整的空间状况。绘制测量图后，首先采用三点测量的方法，测量空间每一个墙面的长度尺寸；然后采用多点测量的方法，测量洞口的高度尺寸；最后测量墙体之间的角度是否为90°。如图3-20所示为该工况的测量图。

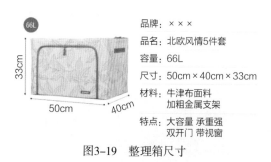

品牌：×××
品名：北欧风情5件套
容量：66L
尺寸：50cm×40cm×33cm
材料：牛津布面料
　　　加粗金属支架
特点：大容量 承重强
　　　双开门 带视窗

图3-19　整理箱尺寸

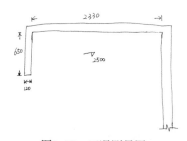

图3-20　工况测量图

### 3. 功能定位与布局形式

首先根据客户需求和房间的布局确定在此空间内设计一款入墙式一字形掩门衣柜。墙体两侧和柜体之间的空隙采用罗马柱收口，柜体与吊顶之间的空隙采用帽线收口。

## （二）方案设计

### 1. 整体尺寸与收口容错

洞口的高度尺寸为2500mm，为保证容错尺寸，将衣柜的整体高度设计为2480mm，上端留有20mm的容错尺寸。若帽线高度为100mm，则衣柜的柜体高度确定为2380mm。

洞口的深度尺寸为650mm，该方案设计为掩门衣柜，柜体的整体深度大于550mm即可。为了充分利用空间，同时考虑洞口在深度方向的容错尺寸，将柜体深度设计为640mm即可，让衣柜后部与洞口墙面有10mm的空隙。

洞口的宽度尺寸为2330mm，右侧采用50mm宽罗马柱靠墙收口，左侧采用50mm宽罗马柱盖墙收口，盖住墙体20mm即可，则柜体距离左侧墙体的空隙预留30mm作为容错尺寸，此时柜体的整体宽度为2250mm。

柜体宽度、深度尺寸及柜体和墙体之间的关系如图3-21所示。

柜体的宽度尺寸为2250mm，将衣柜设计为5门，每一扇门板为450mm宽。如果设计成一组单体柜，则该衣柜安装有较大难度，所以衣柜采用3个分体单元柜，即2组对开门和1组右开门。每组对开门的柜体宽度为900mm，放置在左侧，单开门的柜体宽度为450mm，放置在右侧。单体柜和门板宽度尺寸如图3-22所示。

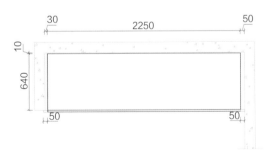

图3-21 柜体宽度、深度尺寸及柜体和墙体之间的关系

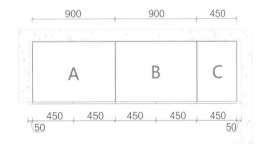

图3-22 单体柜和门板宽度尺寸

### 2. 工艺结构

衣柜的整体宽度为2250mm，由3个分体单元柜组成。

（1）顶、底、侧板工艺结构

每一个分体单元柜高度为2380mm，高度高于视平线，所以顶板采用侧板夹顶板的工艺结构；因为衣柜的下端为踢脚板，所以底板也采用侧板夹底板的工艺结构。顶、底、侧板工艺结构如图3-23所示。

（2）背板工艺结构

因为柜体的深度为640mm，且为小尺寸单体柜，所以采用5mm薄背板较为适合，可设计为插槽背板工艺。同时，考虑柜体较高，薄背板较软，所以在背板后增加背拉带，组成背板组工艺，如图3-24所示。

（3）脚线工艺结构

因为采用的是薄背板，所以脚线设计为前后踢脚板工艺。脚线较短，无须增加脚线加固板，如图3-25所示。

（4）抽屉工艺结构

该衣柜设计时为体现门板的层次感及增加抽屉的储物空间，将抽屉面板设计成外盖形式，抽屉采用阻尼托底轨道，提高抽屉的承重能力。

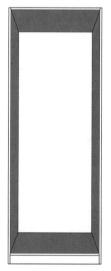
图3-23 侧板夹顶、底板工艺

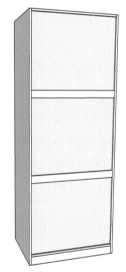
图3-24 背板组工艺

图3-25 脚线工艺

## 3. 收纳空间及尺寸确定

A柜为一组对开门柜体，1850mm以上的区域作为被褥区，放置换季的被褥；中间设计为长衣的悬挂区，满足悬挂长衣的需求；下端设计2组抽屉，用来满足叠放衣物的需求。

中间的B柜也是一组对开门柜体，上端也设计成被褥区；中间设计为短衣悬挂区，满足悬挂短衣的需求；下端设计3组抽屉；短衣区和抽屉之间的空间作为叠放区。

C柜为单开门柜体，内部以搁板为主，设计为收纳整理箱区域。

该衣柜收纳空间如图3-26所示。

A柜上端为被褥区，预留450mm净高。下端为2组抽屉，为了和B柜的抽屉高度统一，将抽屉面板的高度设计为200mm，除去门缝后的高度为197mm。两个抽屉面板上端与门板各盖住搁板的一半，下端全盖底板，下层搁板和底板之间的净高确定为373mm，最底端预留80mm踢脚板。中间长衣悬挂区的高度尺寸剩余1405mm，可满足长衣的悬挂要求。A柜内部高度尺寸设计如图3-27所示。

B柜上端为被褥区，预留450mm净高。下端为3组抽屉，抽屉面板的高度为

图3-26 入墙衣柜收纳空间

200mm，除去门缝后的高度是197mm。三个抽屉面板上端与门板各盖住搁板的一半，下端全盖底板，则下层搁板和底板之间的净高为573mm。最底端预留80mm踢脚板。中间短衣悬挂区的高度尺寸设计为900mm，衣物叠放区高度为287mm。B柜内部高度尺寸设计如图3-28所示。

C柜的收纳空间均用来放置整理箱。已购置的整理箱高度均为330mm，为方便取物，还需留出一定空间。如将柜体净高按6个平均分配，则高度均为362mm，可满足使用要求，考虑日后可能有更换不同尺寸整理箱的需求，可使用可调节的活动搁板。C柜内部高度尺寸设计如图3-29所示。

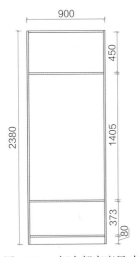

图3-27 A柜内部高度尺寸

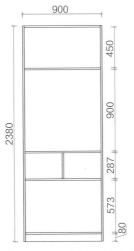

图3-28 B柜内部高度尺寸

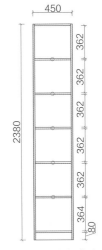

图3-29 C柜内部高度尺寸

## 4. 门板、抽屉面板、罗马柱和帽线尺寸确定

### (1) 高度尺寸

根据洞口和柜体尺寸,可确定门板、抽屉面板、罗马柱和帽线的尺寸。

A柜门板全盖顶板,半盖下层搁板,去除门缝后高度为1897mm;去除门缝抽屉面板的高度197mm。

B柜门板全盖顶板,半盖下层搁板,去除门缝后高度为1697mm;去除门缝抽屉面板的高度197mm。

C柜门板全盖顶、底板,去除门缝后高度为2297mm。罗马柱高度与柜体高度相同,均为2380mm,帽线高度为100mm。柜体为分体柜,下端踢脚线被侧板断开为三段,且大小不同,影响美观,所以在踢脚板前方增加了一个同材质前置踢脚板,高度也为80mm。

### (2) 宽度尺寸

A柜和B柜采用对开门的形式,上为门板,下为抽屉面板,柜体整体宽度尺寸为900mm。门板和抽屉面板采用全盖侧板的方式,所以门板宽度去除门缝后尺寸为447mm。抽屉面板宽度去除门缝后为897mm。

C柜宽度为450mm,且全盖侧板,门板宽度去除门缝后尺寸为447mm。

罗马柱宽度为50mm,前置脚线宽度与柜体宽度相同,均为2250mm,帽线在设计宽度时需要考虑帽檐的尺寸,帽线右侧靠墙,所以与墙体平齐,左侧凸出墙体,并且应盖住罗马柱上端。由于需要45°阳角对接,所以在帽线下单时需要预留出一定的加工余量,原则上每一面对接预留80~100mm,即正面柜体尺寸2350mm,则正面帽线下单长度最少为2430mm。但考虑加工方便,将该帽线下单为2440mm即可。侧面帽线,根据该方案的实际情况,外露部分只有20mm厚的罗马柱,所以帽线下单长度最少为100mm,但考虑到现场加工帽线的安全性,将帽线下单为200mm。

最终门板、抽屉面板、帽线和罗马柱尺寸如图3-30所示。最终设计方案如图3-31所示。

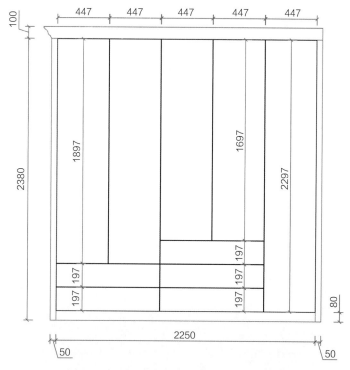

图3-30　门板、抽屉面板、帽线和罗马柱尺寸

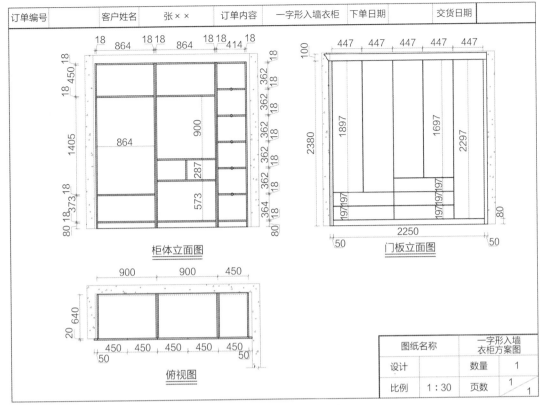

| 订单编号 | | 客户姓名 | 张×× | 订单内容 | 一字形入墙衣柜 | 下单日期 | | 交货日期 | |

柜体立面图

门板立面图

俯视图

| 图纸名称 | | 一字形入墙衣柜方案图 | |
| 设计 | | 数量 | 1 |
| 比例 | 1:30 | 页数 | 1/1 |

图3-31 一字形入墙衣柜方案图

## （三）一字形入墙式衣柜家居云效果图设计

### 1. 一字形欧式风格入墙式衣柜效果图设计

按照客户要求，一字形入墙式衣柜为欧式风格，本案选择仿古白亚光开放漆门板作为衣柜柜门，整体色彩古朴、典雅，开放漆能够显露木材纹理，质感突出，罗马柱、顶线、踢脚板与门板材质和颜色一致；采用欧式金色镂空拉手，更显奢华。在选定以上衣柜元素的材质和颜色后，按照之前完成的衣柜方案中给出的功能分区和尺寸造型，在家居云设计平台先画柜体，再画门板，后期进行装饰和灯光设计后即可出效果图，之后可进一步生成全景漫游图及其二维码，效果图如图3-32和图3-33所示。

扫码查看欧式入墙式衣柜全景漫游图

### 2. 拓展——现代、欧式（深木色）风格家居云效果图设计

按以上案例中户型，对一字形入墙式衣柜分别进行现代、欧式（深木色）风格家居云效果图设计，供大家参考学习。现代风格效果图如图3-34和图3-35所示，欧式（深木色）风格效果图如图3-36和图3-37所示。

扫码查看现代风格入墙式衣柜全景漫游图

扫码查看欧式（深木色）风格入墙式衣柜全景漫游图

图3-32　欧式入墙式衣柜效果图（1）

图3-33　欧式入墙式衣柜效果图（2）

图3-34　现代风格入墙式衣柜效果图（1）

图3-35　现代风格入墙式衣柜效果图（2）

图3-36　欧式（深木色）风格入墙式衣柜
效果图（1）

图3-37　欧式（深木色）风格入墙式衣柜效果图（2）

## 三、案例小结

本案例为典型简欧风格的一字形入墙式衣柜，在该案例中主要讲了以下几个重要内容：

（1）入墙式衣柜整体尺寸预留；

（2）入墙式衣柜的收口容错方式；

（3）衣柜长衣区、短衣区、被褥区以及整理箱、抽屉和叠放区的功能设计和尺寸确定；

（4）欧式衣柜帽线和罗马柱的设计方法；

（5）门板、抽屉面板、罗马柱、帽线和前置踢脚板的尺寸确定方法；

（6）入墙式衣柜方案图纸的绘制方法。

## 同步练习

请根据图3-38完成一字形入墙式衣柜设计。

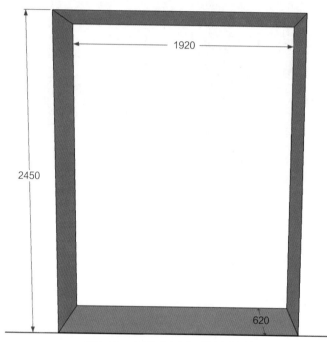

图3-38　入墙式衣柜工况测量图

项目四
# 玄关空间家具设计

Ⅲ 任务一

# 玄关空间概述

## 一、玄关的起源

玄关的概念源于中国，过去中式民宅推门而见的"影壁"（或称照壁），就是现代家居中玄关的前身。中国传统文化重视礼仪，讲究含蓄内敛，有一种"藏"的精神。体现在住宅文化上，"影壁"就是一个生动写照，不但使外人不能直接看到宅内人的活动，而且通过"影壁"在门前形成了一个过渡性的空间，为来客指引了方向，也给主人一种领域感。

按《辞海》中的解释，玄关原指佛教的入道之门，现在泛指厅堂的外门，也就是居室入口的一个区域，专指住宅室内与室外的一个过渡空间，也就是进入室内换鞋、更衣或从室内去室外的缓冲空间，也有人把它叫作斗室、过厅、门厅。在住宅中，玄关虽然面积不大，但使用频率较高，是进出的必经之处。在房屋装修中，人们往往最重视客厅的装饰和布置，而忽略对玄关的装饰。其实，在室内整体设计中，玄关是给人第一印象的地方，是反映主人文化气质的"脸面"。

现代家居中，玄关是开门后的第一道风景，室内的一切精彩被掩藏在玄关之后，在走出玄关之前，所有短暂的想象都可能成为现实。在室内和室外的交界处，玄关是一块缓冲之地，是乐曲的前奏、散文的序言，也是风、阳光和温情的通道。

## 二、玄关的作用

### 1. 视觉屏蔽作用

玄关对户外视线产生了一定的视觉屏障，不至于开门见厅，避免一进门就对客厅的陈设一览无余。它注重人们室内行为的私密性、隐蔽性，保证了厅内的安全性和距离感。在客人来访和家人出入时，能够很好地解决干扰和心理安全问题，使人们出门入户更加有序。

### 2. 较强的使用功能

在使用功能上，玄关可以用作简单地接待客人、接收快递、换衣、换鞋、放置随身包，也可以设置放钥匙等小物品的平台。

### 3. 保温作用

在北方地区，玄关可形成一个温差保护区，避免寒风直接入室。玄关在室内还可以起到非常好的美化和装饰作用。

## 三、玄关布局及家具形式

在房屋装修中，人们往往最重视客厅的装饰和布置，而忽略对玄关的装饰。其实，在房间的整体设计中，玄关是给人第一印象的地方，也是接收快递、简单会客的场所，不宜太狭窄，要有1.5m以上，不宜太阴暗、杂乱等。一般来说，玄关的布置物件也不少，有古董、挂画、鞋柜、衣帽柜、镜子、小板凳等。

根据玄关空间的格局，可以分为以下几种形式，即门厅式、影壁式、走廊式、软隔断式，结合其形式配对相应的玄关家具。

### 1. 门厅式（最原始的玄关）

现在仍然有许多人认为门厅就是玄关。事实上，门厅式只是较早的一种玄关布局方式，从进门到客厅有一个独立、过渡的缓冲区，充当玄关角色，如图4-1所示。

图4-1　门厅式玄关

门厅式布局保留了空间感，在中、大户型中较为常见，两边通道，中间一个自成的门厅区域显得大气庄重，因此，不宜放置大型鞋柜等，建议把空间感保留下来，使人感觉自在、干净利落。

### 2. 影壁式（利用墙壁优势）

影壁式玄关是指开门之后近距离面对墙面，内室需向左侧或向右侧走的玄关，这种玄关格局和房子本身的户型有很大关系，保留可以作为玄关，打通这面墙也可以成为一个开放式的空间，如图4-2所示。

图4-2　影壁式玄关

影壁式玄关布局以遮蔽式柜体为主，以玄关柜所在墙面作为玄关空间的设计主体，左右或中间部分辅以对称或不对称的置物架，使入门处的空间达到美观实用的效果。

### 3. 走廊式（最常见的玄关布局）

走廊式玄关最为常见，其门与室内直接相通，两面为墙壁，中间经过一段狭长的距离，形如走廊，如图4-3所示。

走廊式玄关布局以半敞式为主。因为两堵墙相夹，所以不建议使用高大、全遮蔽式柜体，否则会减弱空间，纵深的空间感也只能利用两侧的空间，这时半敞式的玄关家具是不错的选择。

图4-3　走廊式玄关

### 4. 软隔断式（越来越多家庭使用）

随着人们对于空间感的追求越来越高，许多中、小户型几乎没有玄关的位置，取而代之的是更多开放式的设计，要想在有限面积里保留玄关设计，许多人选择了在客厅做软隔断，隔出一个玄关区域。这种布局以保留通透性为主，在入口与客厅处做软隔断的选择比较多，方式灵活，但因为面积限制，建议布局的时候能够尽可能保留光线，既要有通透性，又能很好地分开区域，如图4-4所示。

图4-4　软隔断式玄关

**📖 任务二**

# 玄关家具功能尺寸设计原则

玄关中，玄关柜主要用于放置随身外衣、鞋和鞋盒、雨伞、包和钥匙等随身物品，一般还应设置穿衣镜和坐凳。另外，玄关柜还起到分隔区域、保护隐私的作用。下面根据玄关柜的功能分区对设计尺寸进行分析。

## 一、挂衣区

在日常生活中，玄关柜一般采用挂衣钩或者衣架放置随身外衣。由于玄关空间较小，柜体深度有限，所以较多采用挂衣钩形式。挂放类衣物尺寸对衣柜内部空间要求较高，搁板间隔过小会导致衣物不能自然下垂，发生挤压变形，间隔过大则造成空间浪费，应该遵循空间最大化利用原则，了解外衣的具体尺寸是玄关柜空间间隔设计的基础。常用挂放类衣物尺寸如表4-1所示。

表4-1　　　　　　　　　　　　　挂放类衣物的尺寸

| 男装 | 长度/mm | 女装 | 长度/mm |
|------|---------|------|---------|
| 大衣、风衣 | 1000~1250 | 长风衣 | 1150~1250 |
| 夹克 | 700~950 | 夹克 | 600~900 |
| 西装 | 800~950 | 西装 | 600~900 |

根据常用外衣的尺寸，结合相关标准，得出功能尺寸，即衣钩上沿距离顶板内表面应留出40~60mm的空间，用来挂长衣的搁板间距一般应达到1300mm，但又不宜多出太多。

## 二、小物品收纳区

常用的雨伞、包、鞋盒通常放置在玄关柜的搁板中，收纳时需要按照物品尺寸摆放。常用摆放类物品的尺寸如表4-2所示。

表4-2　　　　　　　　　　　　　摆放类物品的尺寸

| 品类 | 长度/mm | 宽度/mm | 高度/mm |
|------|---------|---------|---------|
| 鞋盒 | 250~400 | 190~300 | 130~240 |
| 三折伞 | 230 | 50 | 50 |
| 女士包 | 400 | 150 | 350 |
| 男士包 | 210~390 | 50~80 | 250~300 |
| 电脑包 | 350~430 | 80~140 | 270~360 |
| 背包 | 310~350 | 130~190 | 430~500 |

根据收纳的物品尺寸，搁板净空高度通常为150~500mm，但是因为物品种类繁多，将搁板设计成高度可以调节的活动搁板较为合理。柜内的净空深度通常在300~400mm为佳。

## 三、鞋收纳区

鞋柜的收纳空间设计，首先需要了解常见鞋子的尺寸，如表4-3所示。

表4-3 常见鞋子的尺寸

| 品类 | 长/mm | 高/mm |
|---|---|---|
| 男鞋 | 245~280 | 90~220 |
| 女鞋 | 225~260 | 90~500 |
| 拖鞋 | 225~280 | 90~120 |

放置室外鞋的搁板净空高度为90~500mm,因为尺寸相差较大,所以放置室外鞋区域可设计成活动搁板。而放置拖鞋的搁板净空高度需要达到150mm以上。小物品一般采用抽屉收纳。

综上,玄关家具应包括挂衣区、搁板区、抽屉收纳区、坐凳区等几个区域,各区域功能尺寸应符合人体工程学要求和满足物品摆放需求。

## 任务三

# 案例分析——玄关组合柜设计

## 一、案例导读

王××在某小区购置了一套125m²住房,开发商提供的户型图如图4-5所示,目前处于装修阶段。王××在家具卖场选择某全屋定制家具品牌,该品牌设计师对玄关空间进行了设计。

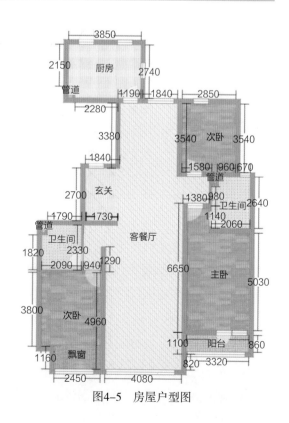

图4-5 房屋户型图

# 二、玄关组合柜设计

## （一）布局确定

### 1. 客户需求确认

玄关空间如图4-6所示，与入户门相对的是一面整体墙，客户希望在该墙面制作一款整面墙的玄关组合柜，可以满足放置穿衣镜、鞋凳以及挂衣和储物等需求；并且在玄关与客厅的衔接处做一个半通透式屏风，下方用于放鞋，上方采用半通透的设计。

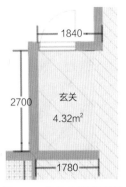

图4-6 玄关空间户型图

### 2. 工况测量

（1）玄关组合柜空间测量

设计师通过现场测量，得到玄关组合柜布局位置的工况测量图，如图4-7所示。

①空间宽度尺寸：空间宽度采用三点测量法，取最小值为1720mm，作为空间宽度尺寸。

②空间高度尺寸：空间高度采用多点测量法，取最小值为2450mm，作为空间高度尺寸。

③空间墙体角度：该空间中存在一处墙角，通过直角尺测量得到墙体之间的角度为90°。

④空间墙体障碍物测量：该空间墙面上有一个总电源箱，最高点距离地面的高度为

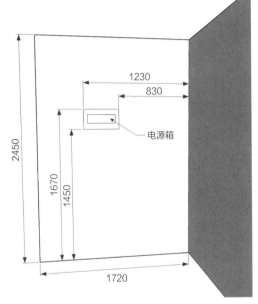

图4-7 玄关组合柜工况测量图

1670mm，最低点距离地面的高度为1450mm，距离右侧墙面最大距离为1230mm，最小距离为830mm。

（2）玄关屏风空间测量

设计师通过现场测量，得到玄关屏风布局位置的工况测量图，如图4-8所示。

①空间宽度尺寸：空间宽度采用三点测量法，取最小值为2696mm，作为空间宽度尺寸。

②空间高度尺寸：空间高度采用多点测量法，取最小值为2450mm，作为空间高度尺寸。

③空间深度尺寸：因为玄关屏风摆放的位置与门所在墙垂直，所以需要确认墙角与门的距离是否满足放置玄关屏风柜的要求。

④空间墙体角度：该空间存在一处阳角，通过直角尺测量得到墙体之间的角度为90°。

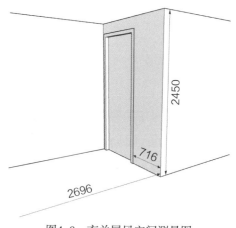

图4-8　玄关屏风空间测量图

需要注意，案例中开发商提供的户型图尺寸与实地测量尺寸并不相同（玄关空间户型图尺寸为1730mm×2700mm，实际测量为1720mm×2696mm），这是比较常见的情况，设计时一定要以实地测量为准。

### 3. 功能定位与布局形式

（1）玄关组合柜

根据测量图，确定玄关组合柜的布局形式为一字形玄关柜。因为电源箱在墙面的左半部分，而且需要利用柜子的门板将其隐藏，所以需要在墙体的左半部分以电源箱最右侧为界限布局高柜，然后在墙体的右半部分布局鞋凳和穿衣镜。玄关组合柜初步布局如图4-9所示。

（2）玄关屏风

根据测量图，确定玄关屏风柜的布局形式。通常玄关屏风柜设计采用下实上虚的结构形式，

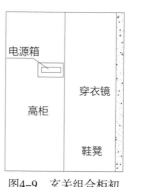

图4-9　玄关组合柜初步布局图

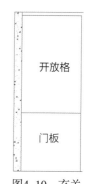

图4-10　玄关屏风初步布局

使其有半通透性。采用上下布局的形式，下方放置鞋，上方做通透，设计成开放柜的形式，放置装饰品，如图4-10所示。

## （二）方案设计

### 1. 整体尺寸与收口容错

（1）玄关组合柜

吊顶距离地面的高度是2450mm，但是组合柜的高度需要比整体高度低20～50mm。结合4×8尺板材的最大尺寸，高度应为2440mm，所以玄关组合柜柜体的整体高度设计为2400mm，距离棚顶50mm的空隙作为容错尺寸。

组合柜的宽度按照墙面的总宽度预留10mm的容错尺寸，即1710mm。结合使用功能，组合柜的深度按照450mm设计。

（2）玄关屏风柜

吊顶距离地面的高度是2450mm，玄关屏风柜与玄关组合柜的高度一致，都可以做到

2400mm。玄关屏风柜作用是遮蔽，宽度通常设计小于1200mm，在该空间中可以设计成950mm。结合使用功能，深度按照450mm设计。

## 2. 工艺结构

玄关组合柜的整体宽度为1710mm，所以设计成一个单体柜即可；玄关屏风柜宽度为950mm，也可设计为一个单体柜。

（1）顶、底、侧工艺结构

柜体高度为2400mm，位于视平线之上，所以顶板采用侧夹顶板的工艺结构；下端为踢脚板，所以底板也采用侧夹底板的工艺结构。

（2）中竖板工艺结构

因为柜体是采用一个单体柜的设计形式，在功能上又要分割为不同的功能区，所以在该柜体的设计中采用中竖板，中竖板采用断开顶、底板和踢脚板的方式。

（3）背板工艺结构

柜体的深度为450mm，所以采用5mm薄背板较为适合，可设计为插槽背板工艺。同时，考虑柜体较高，薄背板较软，所以在背板后增加背拉带组成背板组工艺。

（4）脚线工艺结构

因为采用的是薄背板，所以脚线设计为前后踢脚板工艺，且脚线较短，无须增加脚线加固板。

（5）抽屉工艺结构

该玄关柜设计时为体现门板的层次感，同时增加抽屉的储物空间，将抽屉面板设计成外盖形式。抽屉采用阻尼托底轨道，增加抽屉的承重能力。

## 3. 收纳空间及尺寸确定

（1）玄关组合柜

整体玄关组合柜分为三个区域，最右侧下端设计鞋凳。为了充分利用空间，将坐凳设计为凳子的底端放置拖鞋，坐凳的下方放置抽屉作为收纳空间；右侧中间设计穿衣镜，用于出门时整理着装和仪容；组合柜的整体高度是2400mm，所以在穿衣镜的上端再设计一组柜子，用来存放换季的鞋子。最左侧柜体设计成高柜的形式，上端设计可调节搁板，放置鞋盒，中间设计挂衣区，下端设计包的存放区。

中间放置电闸箱的空间内可以设计活动搁板，放置鞋盒，装饰开放格下方可以用来放置较高的鞋，如图4-11所示。

图4-11 玄关组合柜的收纳空间

整体收纳设计完成后，结合放置物品的尺寸，对组合柜的内空尺寸进行合理细化。

在坐凳区域，坐凳高度为满足下端抽屉和鞋的空间需求，设计的整体高度是480mm，最下端预留放置拖鞋区域的高度为140mm；穿衣镜的高度是500～1900mm，能满足照全身的要求；上端储物柜的高度为414mm，可以满足一般储物需求。

左侧和中间放置鞋盒的区域，采用活动搁板，可以满足不同尺寸鞋盒的放置需求；挂衣区预留1300mm的挂衣高度空间，可以满足长衣外套的悬挂需求；放置鞋或包的区域预留300mm以上，可以满足鞋和包的储存高度需求；中间放置拖鞋或者男鞋的区域高度为150mm。

结合以上使用功能，对整体内部空间尺寸进行合理整合后，玄关组合柜内部结构空间尺寸如图4-12所示。

（2）玄关屏风柜

玄关组合柜的储物功能比较多，但是存放鞋的空间较少，所以在玄关屏风柜900mm以下的区域用于放置鞋。该区域可以设计可调节高度的活动搁板，满足不同款式鞋的存放需求。同时，最下方做成开放式，放置室内拖鞋。

屏风柜的上部空间设计成不同尺寸的内空，在宽度上分割为4个空间，每一个空间都设计不同高度尺寸的内空，满足不同装饰品的摆放需求，同时增加设计的层次感。玄关屏风柜的内部空间尺寸如图4-13所示。

## 4. 门板、抽屉面板尺寸确定

整体为现代简约风格，所以没有罗马柱

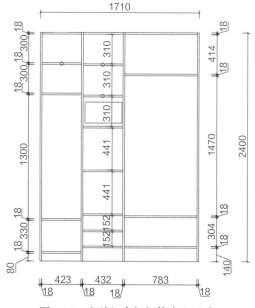

图4-12　玄关组合柜柜体内空尺寸

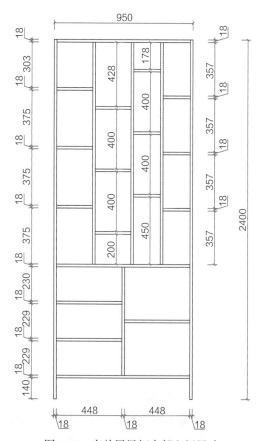

图4-13　玄关屏风柜内部空间尺寸

和帽线等装饰部件，只需设计门板和抽屉面板的高度即可。

（1）玄关组合柜

根据柜体内空尺寸确定门板开启形式和门板与侧板之间的关系、尺寸，如图4-14所示。

高柜门板全盖左侧侧板、顶板和底板，半盖中竖板。向左侧开启，采用全盖铰链。去除门缝，门板高度为2317mm，宽度为447mm。

中间柜上门板半盖左右两个中竖板，全盖顶板，半盖第一层固定搁板，向右侧开启，采用半盖铰链。上门板高度为993mm，宽度为447mm。

中间柜下门板半盖左右两个中竖板，半盖第二层固定搁板，全盖第三层固定搁板，采用半盖铰链，下门板高度为465mm，宽度为447mm。

右侧柜上门板采用上翻门形式，全盖顶板，半盖搁板，全盖右侧板，半盖左侧中竖板，采用全盖铰链，上门板高度为447mm，宽度为807mm。

右侧柜下门板为抽屉。抽屉面板全盖搁板和底板，全盖右侧板，半盖左侧中竖板。下门板高度为337mm，宽度为807mm。

（2）玄关屏风柜

玄关屏风柜上端为开放式的柜体形式，只有下端的鞋柜用门板，且采用双面开启门板形式。门板盖住底板和下柜的顶层搁板，左右两侧也采用全盖形式，使用全盖铰链。去除门缝尺寸，门板的高度为757mm，宽度为472mm，如图4-15所示。

最终设计方案如图4-16至图4-19所示。

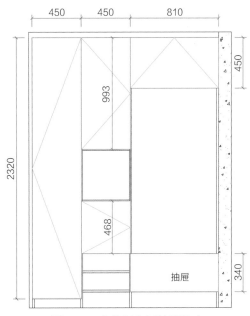

图4-14　玄关组合柜门板尺寸

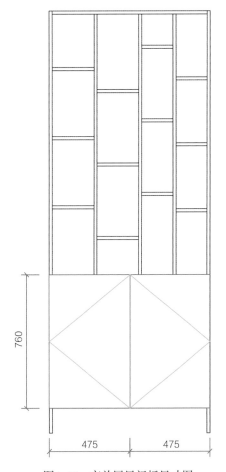

图4-15　玄关屏风门板尺寸图

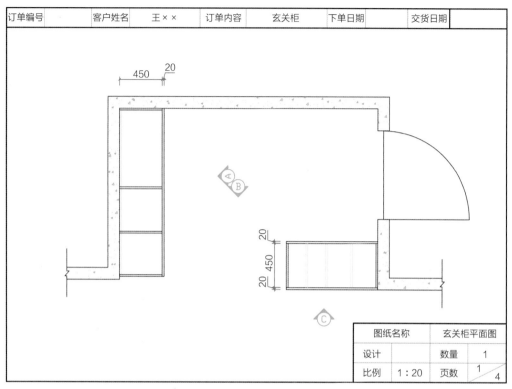

图4-16　玄关柜平面图

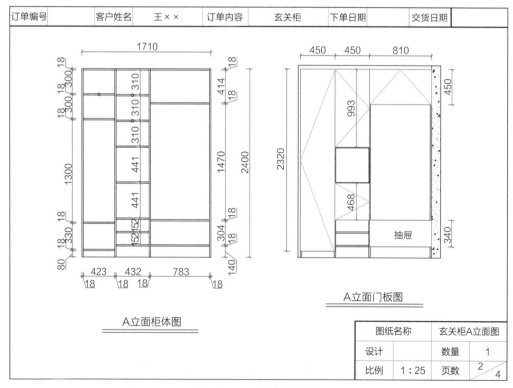

图4-17　玄关柜A立面图

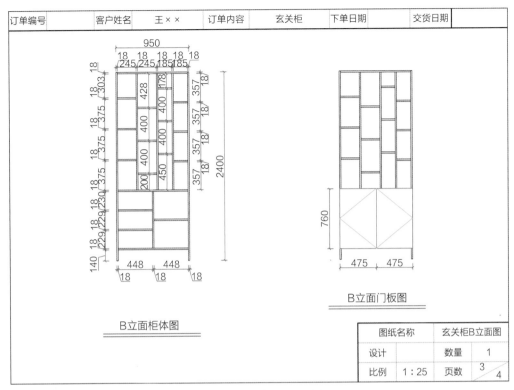

图4-18　玄关柜B立面图

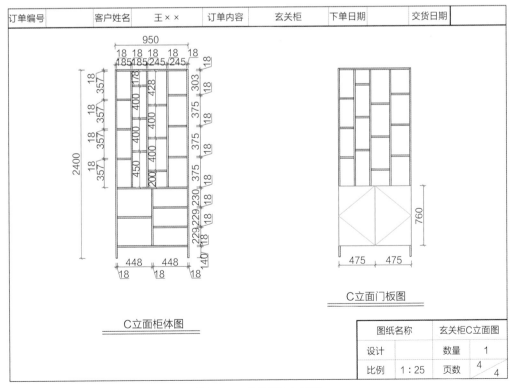

图4-19　玄关柜C立面图

## （三）玄关空间家居云效果图设计

### 1. 现代风格玄关柜效果图设计

王××家的装修风格为现代风格，经沟通，首先确定门板材质等内容。本案玄关柜使用玫瑰金烤漆门板，突出现代感，既不过分奢华，又不失高贵。门板上加工出凹槽用作拉手，保证门板的整体性，也使门板线条更加简洁；柜体和屏风架使用和地板颜色相近的北美胡桃木，纹理自然、亲切，搭配玫瑰金烤漆门板，更加凸显档次，而金色挂钩、亚麻坐垫的设计也与整体风格相适应。按照玄关柜设计方案，在家居云设计平台中，先画柜体，再画柜门，后期进行装饰和灯光设计后即可出效果图，如图4-20至图4-22所示。可进一步生成全景漫游图。

扫码查看现代风格玄关空间全景漫游图

图4-20 现代风格玄关组合柜效果图（1）

图4-21 现代风格玄关组合柜效果图（2）

### 2. 拓展——新中式及欧式风格家居云效果图设计

仍以王××家户型为例，对玄关空间分别进行新中式、欧式风格家居云效果图设计，以供参考。新中式风格玄关柜设计如图4-23至图4-25所示，欧式风格玄关柜设计如图4-26至图4-28所示。

扫码查看新中式风格玄关组合柜全景漫游图

扫码查看欧式风格玄关组合柜全景漫游图

图4-22　现代风格玄关组合柜效果图（3）

图4-23　新中式风格玄关组合柜效果图（1）

图4-24　新中式风格玄关组合柜效果图（2）

图4-25　新中式风格玄关组合柜效果图（3）

图4-26　欧式风格玄关组合柜效果图（1）

图4-27　欧式风格玄关组合柜效果图（2）

图4-28　欧式风格玄关组合柜效果图（3）

## 三、案例小结

本案例为玄关组合柜和玄关屏风柜两种玄关空间柜体的设计，在该案例中主要讲了以下几个重要内容：

（1）玄关组合柜和玄关屏风柜的布局方式；

（2）玄关组合柜和玄关屏风柜的收口容错方式；

（3）玄关组合柜和玄关屏风柜的收纳功能及尺寸；

（4）半开放式玄关组合柜门板的设计方法；

（5）半通透式玄关屏风柜的门板设计方法；

（6）玄关组合柜和玄关屏风柜方案图纸的绘制方法。

# 同步练习

根据图4-29所示玄关空间，设计一款入墙式玄关组合柜。

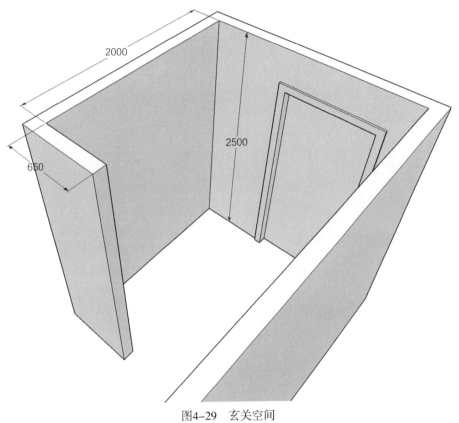

图4-29  玄关空间

项目五
餐厅空间家具设计

# 餐厅空间概述

民以食为天，每个人一日三餐都在餐厅进行，所以餐厅是每个家庭必需的重要空间，是家庭进餐、促进感情的重要组成部分。而在人口相对密集的大城市，在有限的空间内，打造一个独立的餐厅，非常重要。

## 一、餐厅空间的布局

餐厅在居室中通常有以下几种布局形式：独立式餐厅、通透式餐厅、共用式餐厅。

### 1. 独立式餐厅

独立式餐厅是最理想的格局。居家餐厅的要求是便捷卫生、安静舒适，照明应集中在餐桌上面，餐厅位置应靠近厨房。需要注意的是餐桌椅、柜的摆放与布置应与餐厅的空间相结合，如方形和圆形餐厅，可选用圆形或方形餐桌且居中放置；狭长的餐厅可在靠墙或靠窗一侧放一张长餐桌，桌子另一侧摆放餐椅，这样可显得空间更大一些。独立式餐厅如图5-1所示。

图5-1　独立式餐厅

### 2. 通透式餐厅

通透式餐厅，即餐、厨一体。所谓"通透"，是指厨房与餐厅合并。这种形式的餐厅就餐时上菜快速、简便，能充分利用空间，较为实用。需要注意的是不能使厨房的烹饪活动受到干扰，也不能破坏进餐的气氛。尽量使厨房和餐厅有自然的隔断或使餐桌远离厨房操作区。餐桌上方的照明灯具应该突出一种隐形的分隔感。通透式餐厅如图5-2所示。

图5-2　通透式餐厅

### 3. 共用式餐厅

共用式餐厅，即餐、客一体。很多小户型住房都采用客厅或门厅兼作餐厅，在这种格局下，餐区的位置以邻接厨房并靠近客厅最为适当，这样可以缩短膳食供应和就座进餐的走动线路，同时也可避免菜汤、食物弄脏地板。餐厅与客厅之间可灵活处理，如用壁式家具作闭合式分隔，用屏风、花槅作半开放式的分隔等。需要注意餐厅与客厅在格调上应保持协调统一，并且不妨碍通行。共用式餐厅如图5-3所示。

图5-3　共用式餐厅

## 二、餐厅家具的种类

在餐厅空间中，不同布局形式有不同种类的家具。例如独立式餐厅中，除餐桌、餐椅外，可以设计餐边柜；通透式餐厅中，可以设计吧台柜、吧凳；共用式餐厅中，可以放置卡座、沙发、酒柜、空间隔断柜等。在全屋定制餐厅家具设计中，主要以餐边柜、卡座、酒柜、空间隔断柜等板式家具为主。

### 1. 餐边柜

餐边柜是放在餐桌旁边用来储存食物和餐具的小柜子。设计时首先要考虑放置餐边柜的空间大小；其次，餐边柜一般会放置酒具、杯盘以及茶具等，其需要具备一定的展示功能，让陈列品看上去像精致的艺术品。同时，餐边柜的选择应结合空间装饰，与整体空间配套，与家具风格相协调，不要显得突兀。餐边柜如图5-4所示。

图5-4　餐边柜

### 2. 卡座

如果餐厅面积过小，可以设计带置物功能的卡座。卡座置物架在现代生活中有着很广泛的应用，它能够很大程度提升储物功能。对于此类餐厅，设计一款合适的卡座置物架非常必要，但是需要注意的是各类置物架的产品颜色不要过于杂乱，要讲究色彩的搭配。卡座如图5-5所示。

### 3. 酒柜

　　酒柜在餐厅装修中也比较常见，主要功能为储藏红酒、白酒等。酒柜大多采用木质材料，如实木或板式，设计比较雅致、舒适，装饰效果显著。可根据不同类型酒的存放特点设计不同的存放方式。酒柜如图5-6所示。

### 4. 空间隔断柜

　　共用式餐厅空间不是相对独立的，但仍需对空间做界面划分，空间隔断柜就可以起到划分界面的作用，将餐厅和客厅、餐厅和门厅进行分离。空间隔断柜如图5-7所示。

图5-5　卡座

图5-6　酒柜

图5-7　空间隔断柜

✕ 任务二

## 餐厅家具材料及五金

　　餐厅家具以实木和人造板为主体材料，常用五金和其他空间家具基本相同，例如三合一偏心连接件、门板铰链、抽屉滑轨、拉手等，区别是有一些应用在酒柜或餐边柜中的功能五金是其他类型家具中较为少见的。

## 一、高脚杯架

高脚杯架用于红酒酒柜内，可以连接到吊柜的底板下，也可以安装在柜体内部的搁板下方，用来放置高脚杯，如图5-8所示。

## 二、刀叉盘抽屉

在餐边柜中，通常需要放置一些用餐工具，例如筷子、刀叉等。该类工具较为零散，通常放置在刀叉盘抽屉中，方便收纳及使用，如图5-9所示。

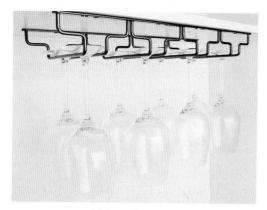

图5-8　高脚杯架

图5-9　刀叉盘抽屉

## 任务三

# 餐厅家具功能尺寸设计原则

餐厅家具种类较多，桌台类家具、坐卧类家具、柜类家具均有。根据餐厅中不同家具的种类分别介绍其功能尺寸。

## 一、餐桌

餐桌通常分为圆桌和方桌两类，高度均为750~790mm，桌面大小因用餐人数而异，具体尺寸见表5-1。

表5-1 餐桌尺寸

| 人数 | 圆桌 | 方桌 | | 高度/mm |
|---|---|---|---|---|
| | 直径/mm | 长/mm | 宽/mm | |
| 2 | 500 | 700 | 850 | 750~790 |
| 4 | 900 | 1350 | 850 | 750~790 |
| 6 | 1100-1250 | 1800 | 850 | 750~790 |
| 8 | 1300 | 2250 | 850 | 750~790 |
| 10 | 1500 | — | — | 750~790 |
| 12 | 1800 | — | — | 750~790 |

## 二、餐椅、卡座

餐椅和卡座的凳面高度通常为450~500mm，桌椅高度差控制在280~320mm。

## 三、柜类家具

餐厅中，柜类家具包含餐边柜、酒柜、隔断柜等。高度和宽度尺寸均需要根据空间和不同柜类确定，深度控制在300~450mm。

在使用功能上，主要包括抽屉收纳、搁板收纳、酒类收纳和饰品收纳等。

### 1. 抽屉收纳

餐厅柜类的抽屉主要用于收纳用餐工具，抽屉不宜过高，通常设计在120~200mm即可，宽度在300~900mm，过小则使用空间较小，过大则抽屉稳定性较差。

### 2. 搁板收纳

在柜体内部采用搁板收纳的物品种类较多，尺寸也不相同，所以通常采用可调节搁板收纳。

### 3. 酒类收纳

餐厅中的酒柜通常收纳红酒和白酒，但收纳的形式不同。红酒通常采用酒叉或者酒格的形式进行收纳，酒叉或者酒格的内空通常在90~100mm，而白酒通常采用立放的形式进行收纳，放置在搁板上，所以内空的高度通常设计为400~500mm。

### 4. 饰品收纳

餐厅柜通常设计开放式或者通透式的区域放置装饰饰品，例如摆件、绿植等。这些饰品的高度和宽度都不统一，所以内空高度和宽度也没有明确的尺寸，需要根据不同摆件进行设计。

## 任务四

# 案例分析——餐边组合柜及卡座设计

## 一、案例导读

董××在某小区购置了一套152m²住房，户型如图5-10所示，现在正处于装修阶段。董××在家具卖场选择了某全屋定制家具品牌，并要求设计师对餐厅的餐边组合柜及卡座进行设计。

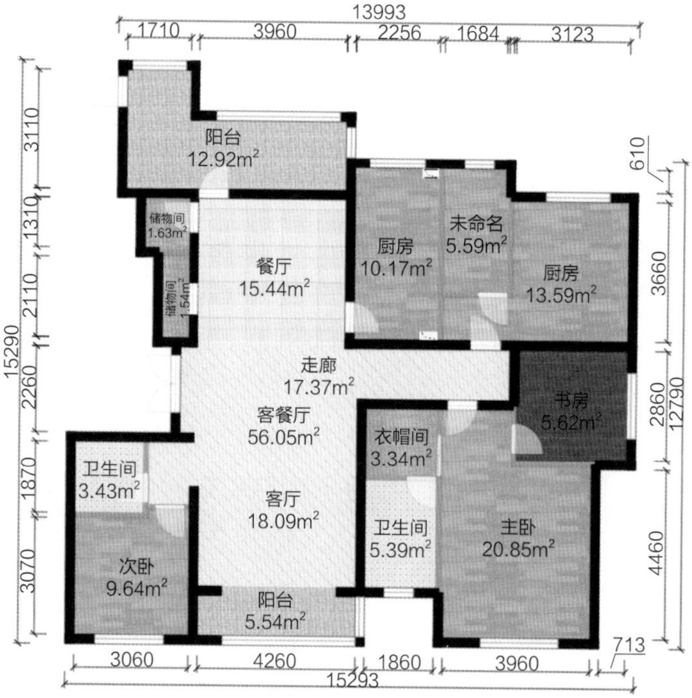

## 二、餐边组合柜及卡座设计

图5-10　房屋户型图

### （一）布局确定

### 1. 客户需求确认

董××的餐厅空间平面如图5-11所示。设计师需要在该空间中设计一组餐边组合柜，要兼具餐边柜和酒柜的功能。男主人平时喜欢喝茶，要有放置茶叶和茶具的地方；女主人平时喜欢喝咖啡，需放置一台咖啡机。家中的存酒较多，包括红酒、白酒等，所以要有存放酒和高脚杯的空间。另外，还要设计一组抽屉，餐具都需要收纳在其中。

在餐厅中需要放置一个1400mm×800mm的餐桌。另外，客户特别喜欢卡座的设计形式，希望设计师在该空间中设计一个卡座。

## 2. 工况测量

去客户家进行测量时，发现室内已经做完木工吊顶，墙面的电源位置也已经预留。根据餐厅平面图显示，有两面墙体是较为完整的，其中一面用来设计餐边组合柜，另一面用来设计卡座，恰好满足客户需求。测量时只需要测量这两面墙即可。客户家餐边组合柜空间测量图如图5-12所示。

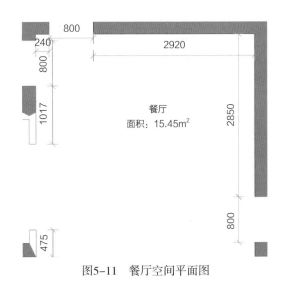

图5-11　餐厅空间平面图

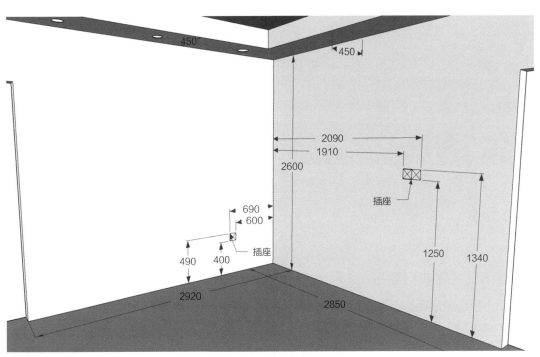

图5-12　餐边组合柜空间测量图

左侧墙体总宽度为2920mm，右侧墙体总宽度为2850mm，地面到吊顶的高度为2600mm。校验左右两侧墙体之间的角度接近90°。

左侧墙体墙面上有一个插座距离墙角的最大和最小尺寸分别为690mm和600mm，距离地面高度的最大和最小尺寸分别为490mm和400mm。

右侧墙体墙面上有两个并排的插座，距离墙角的最大和最小尺寸分别为2090mm和

1910mm，距离地面高度的最大和最小尺寸分别为1340mm和1250mm。

### 3. 功能定位与布局

　　根据现场工况和客户需求，首先对该餐厅空间的功能进行定位，左侧墙体吊顶上端有筒灯，不宜设计较高的餐边柜，应将餐边组合柜设计在靠右侧墙体位置，在左侧墙体的门和插座之间设计卡座，卡座前方放置餐桌，如图5-13所示。

　　根据餐厅的功能定位，对每一种柜体进行合理布局，餐边柜设计在右侧墙体，右侧墙体上的插座外露，作为电器插座。将餐边组合柜设计为一字形。

　　卡座放置在左侧门洞与插座之间的左墙体处，也为一字形的布局形式，如图5-14所示。

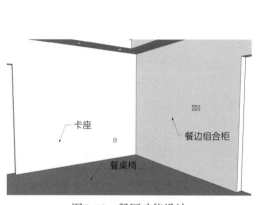

图5-13　餐厅功能设计

图5-14　餐厅布局

## （二）方案设计

### 1. 整体尺寸与收口容错

　　（1）餐边组合柜

　　①餐边组合柜高度尺寸：吊顶高度为2600mm，常用工业定厚板材的最大幅面高度为2440mm，除去加工余量，能制作的最大高度为2400mm，所以将餐边组合柜柜体的高度设计为2400mm比较合理，吊顶与柜体上方之间的空隙采用200mm顶封板设计形式，顶封板也同时起到收口容错的作用。

　　②餐边组合柜宽度尺寸：餐边组合柜的宽度尺寸需要依照墙面的总长度确定，右侧墙面长度为2850mm，且因为现场还没有包门口线，所以需要预留70mm门口线尺寸；同时，为了防止空间过于拥挤，在餐边柜与门之间应预留出一定空间。综上所述，餐边柜的宽度可以做到2550mm，这样既保证了宽度的容错尺寸，又可以在空隙处放置垃圾桶，方便实用。组

合柜的整体宽度为2550mm，将其分解成若干个单体柜。由于该墙面中间有两个插座，所以右侧墙面设计为上下柜的形式。

③餐边组合柜深度尺寸：结合使用功能（需要放置红酒格）和吊顶的深度尺寸，可以将组合柜的深度设计为400mm，同时也满足了柜体深度在吊顶深度450mm以内的要求。

（2）卡座

卡座的高度需要满足人体工程学要求。座椅高度设计为400mm，上面铺设海绵垫，靠背高度设计为900mm。

因为餐桌的宽度为1400mm，卡座的设计宽度可以比餐桌宽一些，设计为1600mm，同时也满足了放置在门口线和插座之间的要求。

卡座的深度同餐椅的深度相仿，连同靠背的深度为490mm即可，可以在靠背上放置海绵靠垫。

## 2. 工艺结构

（1）顶、底、侧工艺结构

餐边柜柜体高度为2400mm，在视平线之上，所以顶板采用侧夹顶板的工艺结构，下端为踢脚板，所以底板也采用侧夹底板的工艺结构。

在中间有插座的位置上端设计吊柜，采用侧夹顶、底的结构，下端地柜设计为顶盖侧板结构。

（2）背板工艺结构

因为柜体的深度为400mm，所以采用5mm薄背板较为适合，可设计为插槽背板工艺。同时，考虑柜体较高，薄背板较软，所以在背板后增加背拉带组成背板组工艺。

（3）脚线工艺结构

因为采用的是薄背板，所以脚线设计为前后踢脚板工艺，且脚线较短，无须增加脚线加固板。

（4）抽屉工艺结构

该组合柜设计时为体现门板的层次感，同时增加抽屉的储物空间，将抽屉面板设计成外盖形式。另外，抽屉采用阻尼托底轨道，增加抽屉的承重。

## 3. 收纳空间及尺寸确定

（1）餐边组合柜

餐边组合柜设计时分为三个区域：最左侧设计高柜，右侧上部设计吊柜，下部设计地柜，吊柜和地柜中间放置高脚杯架和电器等，如图5-15所示。

①高柜分为上、中、下三部分：上端设计玻璃对开门，放置不同种类的酒；中间左侧设

计多组红酒格，右侧设计成开放柜形式，放置茶叶；下部上端设计为开放形式，放置茶具，下部设计对开门，放置餐具。

②吊柜采用上部上翻门下部开放格的形式：上部用于放置不同种类的酒，下部用于放置各种酒杯；可以在吊柜底端设计一字高脚杯架，用来放置高脚杯；桌面上可放置一些常用的小电器，如咖啡机等。

③地柜采用掩门和抽屉相结合的设计：抽屉作为开瓶器等小物件及刀叉、筷子等餐具的收纳空间，掩门内部可放置餐具等。

在整体收纳设计完成后，结合放置物品的尺寸，对组合柜的内空尺寸进行合理细化。

首先确定吊柜的高度为800mm，可保证放置酒的空间高度在350mm以上，杯子根据不同规格和尺寸，设计两种高度，分别为178mm和374mm。

高柜的上部空间和吊柜平齐，然后设计酒格的尺寸，每一个内空按照92mm的正方形设计，宽度上设计4个，高度上设计7个。高柜右侧放置茶叶，其规格不相同，所以设计的高度均大于350mm；下端剩余的空间放置茶具，其规格也不相同，所以设计的高度均大于350mm。

图5-15　餐边组合柜收纳空间设计

最后，根据剩余的尺寸，确定地柜的高度为838mm。将放置咖啡用品及器皿的柜体内部同样设计成活动搁板，方便放置不同物品。采用三层抽屉收纳，具体空间尺寸如图5-16所示。

（2）卡座

卡座的结构采用座板上翻的形式，内部为了保证支撑强度，需要采用中竖板结构。中竖板均分内部空间，内部可以作为收

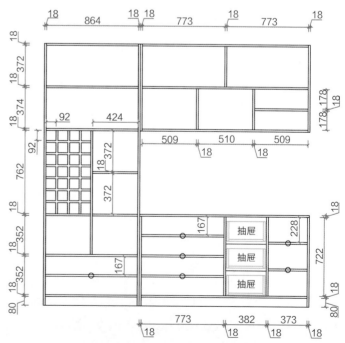

图5-16　餐边组合柜收纳空间尺寸及结构设计

纳区域。

卡座的结构与前面所讲述的柜类和桌类有很大不同，通常采用厚背板和前挡板盖住侧板及中竖板的结构形式，侧板与底板之间采用侧夹底板结构形式，如图5-17所示。

座板分为前后两段，前面一段深度为402mm，采用上翻形式，后面一段深度为80mm，用来安装上翻盖板的铰链，此位置采用的为270°铰链。

卡座的具体结构尺寸如图5-17所示。

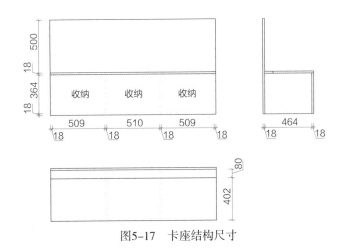

图5-17　卡座结构尺寸

## 4. 门板、抽屉面板尺寸确定

整体为现代简约风格，所以没有罗马柱和帽线等装饰部件，只需要设计门板和抽屉面板即可，且只有餐边组合柜有门板。

高柜部分，上端用玻璃门板盖住两层结构，采用全盖左右侧板和全盖顶板及搁板的形式。下端用对开门盖住，最底层的餐具区采用全盖左右侧板和全盖搁板及底板的形式。

吊柜部分最上面一层采用两组上翻门的形式，全盖左右侧板和中竖板，全盖顶板和搁板。

地柜部分，因为低于视平线，且需要保证桌面的整体性，所以采用顶板盖门板的形式，使顶板比柜体整体深度凸出25mm。门板和抽屉面板则嵌于顶板之下，但需盖住侧板、中竖板和底板，并且对整体尺寸在宽度上四等分。

门板具体开启方式和尺寸如图5-18所示。

最终设计方案如图5-19至图5-22所示。

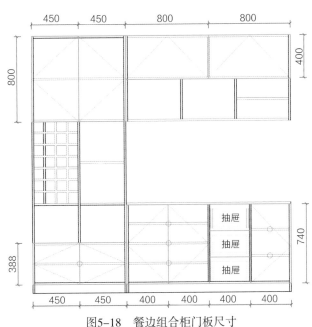

图5-18　餐边组合柜门板尺寸

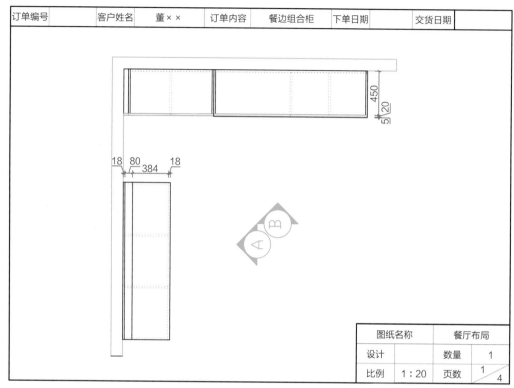

| 订单编号 | | 客户姓名 | 董×× | 订单内容 | 餐边组合柜 | 下单日期 | | 交货日期 | |
|---|---|---|---|---|---|---|---|---|---|

| 图纸名称 | | 餐厅布局 |
|---|---|---|
| 设计 | | 数量 | 1 |
| 比例 | 1:20 | 页数 | 1/4 |

图5-19　餐厅平面布局

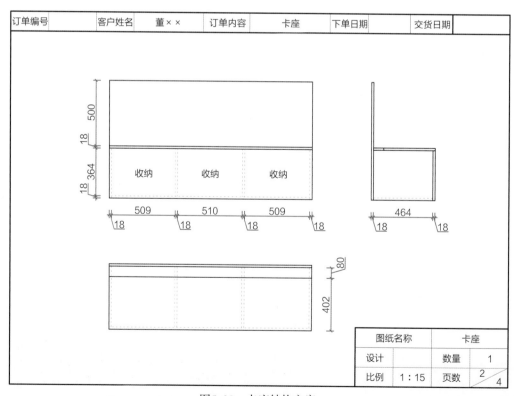

| 订单编号 | | 客户姓名 | 董×× | 订单内容 | 卡座 | 下单日期 | | 交货日期 | |
|---|---|---|---|---|---|---|---|---|---|

| 图纸名称 | | 卡座 |
|---|---|---|
| 设计 | | 数量 | 1 |
| 比例 | 1:15 | 页数 | 2/4 |

图5-20　卡座结构方案

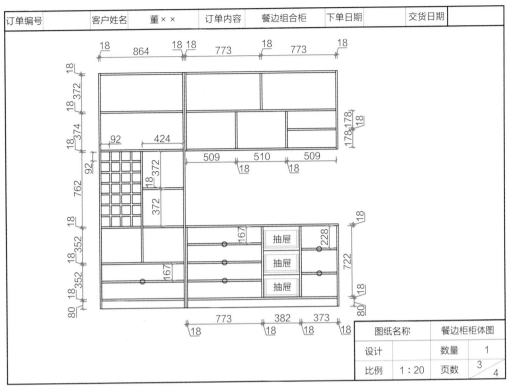

图5-21 餐边柜柜体结构

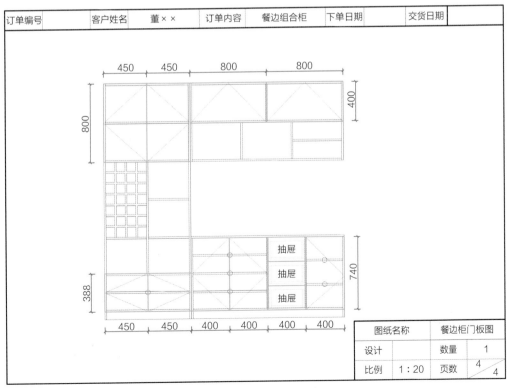

图5-22 餐边柜门板方案

## （三）餐厅空间家居云效果图设计

### 1. 现代风格餐厅空间家具效果图设计

按照客户要求，餐厅家具为现代风格，即餐边柜与餐厅卡座、餐桌的设计组合。本案使用白色亚光烤漆门板，北美胡桃木柜体，卡座使用灰色亚麻布艺软包靠背和坐垫，坐垫能够掀起，内部可储存物品。胡桃木色泽优雅、纹理精巧，温暖、稳重又不失质感，搭配白色烤漆门板，显得活泼、时尚。按照餐厅家具方案，在家居云设计平台中，先画餐边柜，再画卡座，后期进行装饰和灯光设计后即可出效果图，如图5-23和图5-24所示，可进一步生成全景漫游图。

扫码查看现代风格餐厅空间全景漫游图

图5-23　现代风格餐厅家具效果图（1）

图5-24　现代风格餐厅家具效果图（2）

### 2. 拓展——北欧及欧式风格家居云效果图设计

按以上案例中户型，对餐厅空间家具分别进行北欧、欧式风格家居云效果图设计。供参考学习，北欧风格效果图如图5-25和图5-26所示，欧式风格效果图如图5-27和图5-28所示。

扫码查看北欧风格餐厅空间全景漫游图

扫码查看欧式风格餐厅空间全景漫游图

图5-25　北欧风格餐厅家具效果图（1）

图5-26　北欧风格餐厅家具效果图（2）

图5-27　欧式风格餐厅家具效果图（1）

图5-28　欧式风格餐厅家具效果图（2）

## 三、案例小结

本案例为餐厅组合柜和卡座两种柜体的设计，在该案例中主要讲了以下几个重要内容：

（1）餐厅空间功能设计和布局方式；

（2）餐边组合柜的整体尺寸确定及收口容错方式；

（3）餐边组合柜的收纳功能及尺寸；

（4）半开放式餐边组合柜门板的设计方法；

（5）卡座的结构设计方法；

（6）餐边组合柜和卡座方案图纸的绘制方法。

## 同步练习

根据图5-29所示餐厅空间，设计一款餐边组合柜。

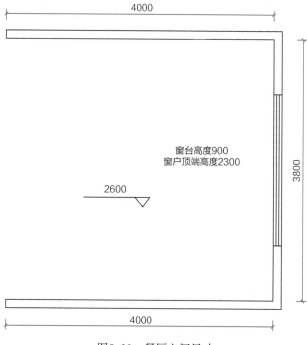

图5-29　餐厅空间尺寸

项目六
书房空间家具设计

📖 任务一

# 书房空间概述

## 一、书房空间简介

书房古称书斋，古代有多重解释，既指朝廷、官府收藏书籍和书画的场所，也指家中读书、写字的房间，又有私塾、书店之意。现代书房多指住宅内的一个房间，专用作阅读或工作。由于书房的特殊功能，在整体空间氛围上需要营造宁静、沉稳的感觉，人在其中才不会心浮气躁。

书房的基本设施包括桌、椅以及书柜，有些书房也会设茶桌等休闲设施。对于没有单独书房的住宅，通常可将客厅、阳台等空间的一部分隔离出来，设置成书房。

## 二、书房的布局

书房作为住宅空间的一部分，它要与其他居室融为一体，透露出浓浓的生活气息，创造一种安逸、舒适的环境，将其作为生活性空间使用，方便主人休闲和会客。另外，书房作为"家庭办公室"，又要营造一种平和、安静的氛围，作为办公或学习空间使用，方便主人读书和工作。因此，书房在布局上就要在凸显个性的同时融入办公环境的特性，让人在轻松、自如的气氛中更投入地工作。

如果居室面积充裕，许多家庭在装修时会独立布置一间书房。对于面积较小的居室，也会在客厅、阳台等空间开辟出一个区域作为学习和工作的地方，用书橱、柜子、布幔等隔开。另外，书房的书柜、桌椅等家具设计一定要符合人体工程学和客户的学习习惯。

此外，还应考虑舒适的自然光照、隔音防噪、软装配饰等。首先，在房间的选择上要考虑光线问题，挑选自然光线柔和的房间作为书房，避免过亮或过暗的光线导致视觉疲劳，不适合长时间办公或学习；其次，书房的隔音防噪要求尤为讲究，吵闹的环境不但不利于静心读书，还会使人心烦意乱，所以书房空间首先需要选用隔音效果好的房门，避免受到开门声音的干扰。此外，墙面可以选用隔音材料来降低噪声，从而保证安静。

在满足上述基础要求后，就可以使用软装来提升书房的颜值，烘托氛围。如书籍的选择，它是书房里最好的装饰物品，摆放恰当的书籍不仅能体现出主人的品位，同时可以提升房间的书卷气，营造一个适合读书的氛围；也可以放置盆栽，绿色植物不仅让空间富有生命力，而且对于需要长时间思考的人来说，也有助于舒缓精神。

📖 任务二

# 书房家具功能尺寸设计原则

书房家具主要以桌、椅及书柜为主。书房家具的长、宽、高一方面要考虑人与室内空间的关系，另一方面也要考虑物与物之间的关系。

## 一、书桌

书桌是书房的主要家具之一。在空间允许的前提下，其尺寸设计要符合人体工程学。在款式上分为独立书桌和组合书桌，独立书桌还可分为单人书桌和双人书桌，常见书桌尺寸见表6-1。另外，国家标准规定书桌下方空间高度不小于580mm，宽度不小于520mm，保证人在使用时双腿能有足够的活动空间。

表6-1　　　　　　　　　　　常用书桌尺寸

| 书桌 | 长度/mm | 宽度/mm | 高度/mm |
|---|---|---|---|
| 单人书桌 | 1200～1400 | 750～800 | 750以下 |
| 双人书桌 | 2000～2200 | 750～800 | 750以下 |
| 学生书桌 | 1100～1200 | 550～600 | 760 |

## 二、座椅

书房中的座椅也十分重要，多与书桌配套，国家标准规定了配套桌椅使用的标准尺寸，高度差应控制在280～320mm。

书房常用座椅尺寸见表6-2。

表6-2　　　　　　　　　　书房常用座椅尺寸

| 座椅 | 座面高度/mm | 座椅深度/mm | 靠背高度/mm | 靠背宽度/mm | 靠背倾斜度/(°) | 座面宽度/mm |
|---|---|---|---|---|---|---|
| 男士 | 410～430 | 400～420 | 410～420 | 400～420 | 98～102 | 前400～420<br>后300～400 |
| 女士 | 390～410 | 380～400 | 390～400 | 400～420 | 98～102 | 前400～420<br>后380～400 |

## 三、书柜

书柜主要用于存放书籍、摆件、收藏品等，可分为移动式书柜和嵌入式书柜。移动式书柜可根据书房空间尺寸来选择其大小，嵌入式书柜长度可以跟墙壁的长度一致，深度上应该大于普通书籍的宽度，在高度上，如果书柜有抽屉、玻璃门或木门，一般上方可预留离顶棚高度约1/3的空间，这样既不会感到压抑，又能充分利用空间。常用书柜尺寸见表6-3。

表6-3　　　　　　　　　　　　　常用书柜尺寸

| 书柜 | 高度/mm | 深度/mm | 宽度/mm |
|---|---|---|---|
| 双门书柜 | 1200~2100 | 280~350 | 500~650 |

国家标准规定，书柜层板的层间高度应不小于220mm，小于该尺寸则放不进32开普通书籍。另外，考虑到摆放杂志、影集等规格较大的物品，层板层间高一般选择300~350mm，也可设置层板高度在320~420mm。书柜抽屉的高度尺寸通常在200~350mm。

📖 任务三

# 案例分析——书房组合柜设计

## 一、案例导读

王××在某小区购置了一套住房，其中书房的户型图如图6-1所示，现在正处于装修阶段。王××在家具卖场选择了某全屋定制家具品牌，其书房家具将交由该品牌设计师进行整体设计。

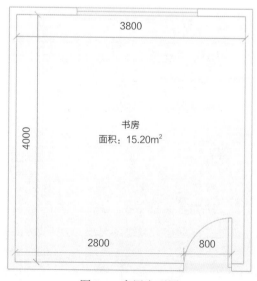

图6-1　房屋户型图

# 二、书房组合柜设计

## （一）布局确定

### 1. 客户需求确认

客户想在书房门左侧的4m长墙面与窗户侧墙面制作一款L形的组合柜，该组合柜应具有书柜、储物柜和书桌的功能，既可满足主人的阅读、办公等需求，也可以用于放置书籍和储藏杂物。

### 2. 工况测量

通过现场测量，设计师得到书房组合柜布局的工况测量图，并根据实际尺寸得出空间尺寸。

①空间宽度尺寸：空间宽度采用三点测量法，入门左侧较宽墙壁取最小值为4000mm，作为空间宽度尺寸；带窗一侧墙壁宽度最小值为3800mm。

②空间高度尺寸：空间高度采用多点测量法取最小值为2800mm，作为空间高度尺寸。

③空间障碍物尺寸：窗户算作空间障碍物，设计时需要进行规避。其位置在入门正对面墙壁上，最低点距离地面900mm，最左侧距离墙壁拐角1000mm，窗体本身尺寸最宽处为2000mm，如图6-2和图6-3所示。

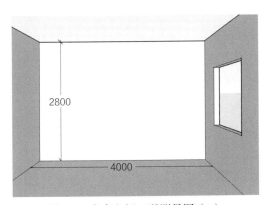

图6-2 书房空间工况测量图（1）

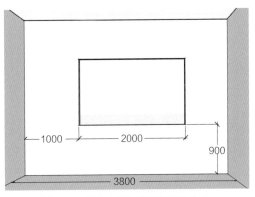

图6-3 书房空间工况测量图（2）

### 3. 功能定位与布局形式

（1）组合柜功能定位

根据客户需求，组合柜需要有书柜、书桌的综合功能。能满足书籍和杂物的摆放、物品的存储以及客户的阅读、办公等需求。组合柜的形式应包含书柜部分、储物部分和书桌部分，依据空间的尺寸，放置在书房中合理的位置，既有上述的实际功能，也可合理利用空间，并装饰空间。

（2）组合柜功能分区

为了更好地利用墙面的空间，组合柜大致分为三个区域，即书柜区域、书桌区域和储物区域。书桌位置应该为中心位置，所以在墙壁拐角处。

①入室靠左侧的较宽墙壁分为两大部分：靠左侧的书柜区域和靠窗的书桌区域，如图6-4所示。

②靠窗墙壁则为储物区域，如图6-5所示。

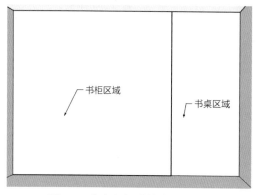 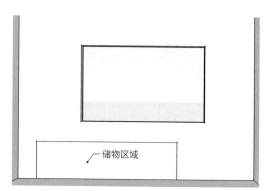

图6-4　书房空间功能分区（1）　　　　图6-5　书房空间功能分区（2）

## （二）方案设计

### 1. 整体尺寸与收口容错

（1）书桌部分

书桌的位置属于中心位置，在两个墙壁交界处。桌面高度根据客户身高和生活习惯，设计为750mm，桌面宽度设计为1200mm，桌面深度设计为600mm。为了使用方便，桌面右侧紧靠墙壁，左侧紧靠书柜部分。

（2）书柜部分

书桌、吊柜、储物柜等区域的空间尺寸均较小，可设计为一个柜体。墙壁的剩余部分为书柜部分，总宽为2800mm，仅设计一个柜体无法实现，所以可以切分为两个部分。其右侧柜体紧靠书桌桌面，宽度设计为1900mm；左侧因紧挨墙壁，留出50mm的宽度空间作为收口尺寸；为了方便拿取物品，书柜的整体高度设计为2000mm；由于书柜的内部主要放置书籍或者体积较小的物品，所以书柜的柜体深度尺寸设计为400mm。

为了合理利用空间和良好的视觉效果，可以在书桌上方的空白区域设计一个深度略浅的吊柜，用来放置一些物品。其底沿高度为1602mm，柜体高度为658mm，深度方向设计为300mm，如图6-6所示。

（3）储物部分

由于客户的物品有限，储物部分无须做大尺寸的柜体。同时，由于障碍物（窗）的存在，可以考虑将该部分柜体做成高度略低于窗下沿的矮柜。墙壁交界处有书桌，因此柜体的左侧不可靠墙，否则会导致内部物品存取不便。柜体的摆放起点距离墙壁115mm，柜体的宽度为2220mm，深度为420mm，高度为530mm，如图6-7所示。

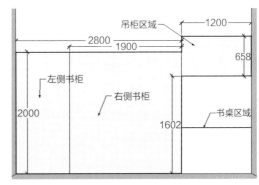

图6-6　书柜整体尺寸

同时，为了丰富视觉效果，体现家具造型的多样性，可以将储物柜边部设计为弧形，半径为420mm，使其最右侧呈现四分之一圆造型，如图6-8所示。

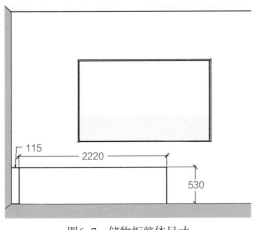

图6-7　储物柜整体尺寸

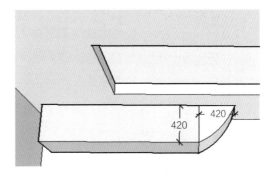

图6-8　储物柜边部造型

## 2. 工艺结构

（1）顶、底、侧工艺结构

书柜的高度均在视平线之上，所以采用侧板夹顶板的工艺结构；书桌的高度为视平线之下，所以采用顶板盖侧板的结构；吊柜顶板也在视平线之上，所以采用侧板盖顶板结构；储物柜高度在视平线之下，采用顶板盖侧板的结构。因为书柜和储物柜主体部分的下端为踢脚板，所以底板采用侧板夹底板的工艺结构。

（2）背板工艺结构

由于柜体的深度各异，整体尺寸也相差较大，所以背板采用不同方式。左侧书柜较小，平时主要摆放装饰物和杂物，可以采用5mm厚度背板，相接板材开槽的方式设计背板，同理，靠窗一侧储物柜的主体部分也采用5mm厚度背板。

靠书桌的书柜由于尺寸较大，且平时承重较大，可以采用18mm厚度的板材，分为上下两部分；书桌的承重同样较大，也可采用18mm厚度的背板；储物柜弧度部分由于不需要右侧板，所以也采用18mm厚度的背板。

（3）脚线工艺结构

采用5mm厚度背板的柜体，脚线设计为前后踢脚板工艺。因脚线较短，无须增加脚线加固板。采用18mm厚度背板的柜体，背板落地，只需要设计前踢脚板即可，高度均为82mm。

（4）抽屉工艺结构

该组合柜设计时为体现门板的不同比例，同时增加不同的储物方式，所以在储物柜主体部分设计了若干个抽屉储物空间，将抽面板设计成外盖形式。抽屉采用阻尼托底轨道，增加承重。

## 3. 收纳空间及尺寸确定

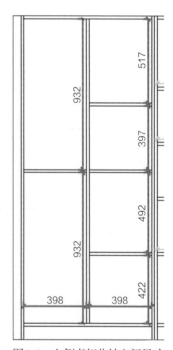

图6-9 左侧书柜收纳空间尺寸

（1）靠墙的书柜尺寸

书柜宽度为900mm，除去收口部分还剩余850mm，此宽度不利于承重，因此在中心位置设置一块中竖板材；最左侧的部分由于客户希望可以摆放一些较高的物品，所以只设计一块层板，层板将此空间隔开为上下相等的两个空间；右侧部分不需要较高的空间，因此设计为四个区域，用三块层板隔开，为了造型美观，将其设计为上高下矮的形式，上侧尺寸为517mm和397mm，下侧尺寸为492mm和422mm，如图6-9所示。

（2）靠书桌书柜尺寸

书柜宽度为1900mm，显然也不适合设计较长的尺寸作为层板的宽度。为了效果，在高度方向大致将其分为5个区域，其内空高度的尺寸由低到高分别为422mm、322mm、322mm、322mm、422mm。

在其宽度方向，每一层空间设计若干个中竖板，位置分布有两种形式，且在高度方向上每隔一层其分布形式相同，形成错落的设计感。由上至下第一排、第三排和第五排空间中，设置三块中竖板，分成四个空间，其位置分别为距离左侧边缘470mm、941mm、1411mm。

第二排和第四排空间内，设置两块中竖板，分成三个空间，其位置分别为距离左侧边缘618mm和1238mm，如图6-10所示。

（3）书桌尺寸

桌面设计为较厚的板材，选用25mm厚度。桌面下方预留两个抽屉位置，设置一块层板，层板和桌面之间的内空尺寸为170mm；层板上方空间，取中点设计一块中竖板，为抽屉的安装做结构支撑，如图6-11所示。

（4）吊柜尺寸

吊柜位于书桌上方，宽度为1200mm，设计为两侧较宽、中间略窄的形式。设计两块中竖板，内空尺寸分别为423mm、282mm、423mm，内空高度为622mm。再分别在三个区域的纵向中点位置设计中竖板，分成上下两个空间，便于物品的存放，如图6-12所示。

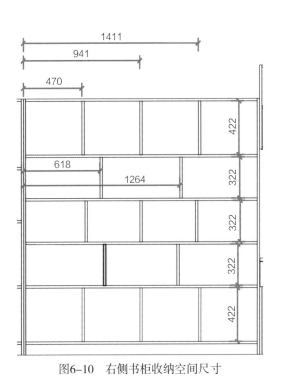

图6-10　右侧书柜收纳空间尺寸

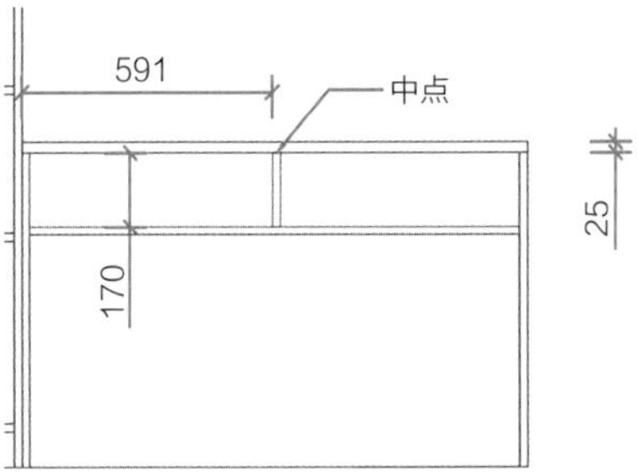

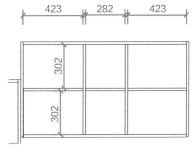

图6-11　书桌收纳空间尺寸

图6-12　吊柜收纳空间尺寸

（5）储物柜尺寸

储物柜顶面由25mm厚度板材制作，遮住柜体并形成凸出柜体边缘20mm的外沿。顶面下方柜体分为两个部分，左侧正常造型的柜体总宽为1800mm，根据客户需求，内部设计为四个空间，内空尺寸从左到右依次为：423mm、432mm、432mm、423mm；右侧为弧形柜体，中间加一块层板，如图6-13所示。

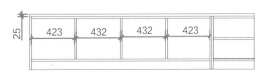

图6-13　储物柜收纳空间尺寸

## 4. 门板、抽屉面板、收口线尺寸确定

经与客户沟通，兼顾家具造型的美观性，设计了若干个抽屉及门板。

储物柜中，靠右的弧形柜为外盖形式，无须门板，左侧的部分可以设计外部造型。由三扇平板门遮挡第一、二、四区域；在第三区域，设计上下两个平板抽屉，遮挡住此处空间。

第一和第二区域的门板为对开，第四区域门板把手在左侧，向右开合。门板和抽屉均为外盖形式，各个造型边界处为半盖，遮挡住柜体顶板、底板、中竖板等结构，门板的缝隙为1.5mm，保证开合和安装的顺利，如图6-14所示。

书桌内有两个抽屉，抽屉面在桌面和侧板之间，高度为195mm，遮挡住层板和中竖板，大小相等，左右缝隙均为1.5mm，保证安装和开合的顺利，如图6-15所示。

吊柜也设计两个对开的门板，遮住第一、三区域。门板的尺寸和储物柜要求相同，缝隙为1.5mm，如图6-16所示。

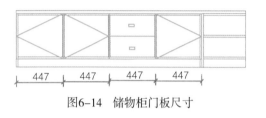

图6-14　储物柜门板尺寸

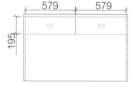

图6-15　书桌抽屉尺寸

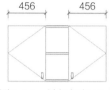

图6-16　吊柜门板尺寸

书柜的上方区域设计为开放式，方便客户拿取东西。只在第二排的中心位置设计一块上翻门；最下方的区域设置两组对开的门板，门板为外盖，相接处为半盖，门板大小相等，门板缝隙为1.5mm，如图6-17所示。

最左侧书柜只在右下角位置设计一块门板，左右遮挡住右侧的侧板和左侧的中竖板，上下遮挡住层板和底板。由于左侧靠墙，设计收口条宽度为50mm，保证安装的顺利和外观的美观，如图6-18所示。

最终设计方案如图6-19至图6-25所示。

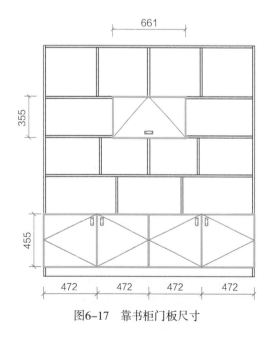

图6-17　靠书柜门板尺寸

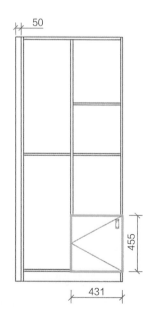

图6-18　靠墙书柜门板和收口尺寸

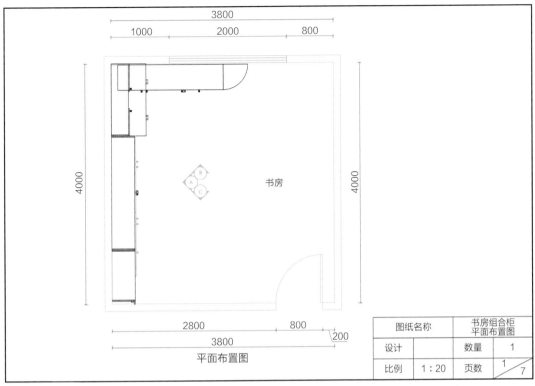

图6-19 书房组合柜平面布置图

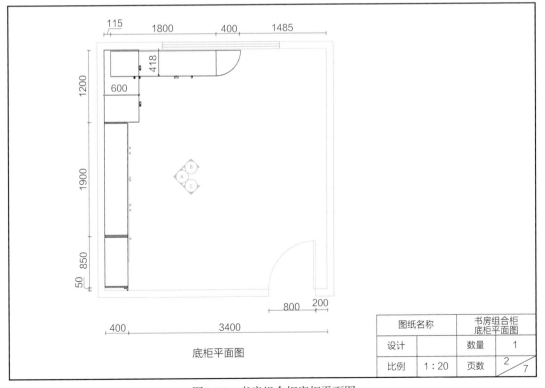

图6-20 书房组合柜底柜平面图

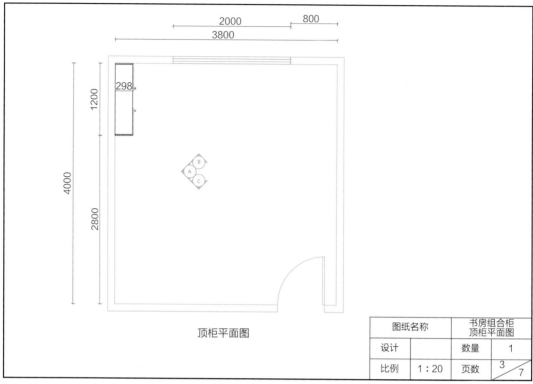

顶柜平面图

| 图纸名称 | | 书房组合柜<br>顶柜平面图 | |
|---|---|---|---|
| 设计 | | 数量 | 1 |
| 比例 | 1：20 | 页数 | 3／7 |

图6-21　书房组合柜顶柜平面图

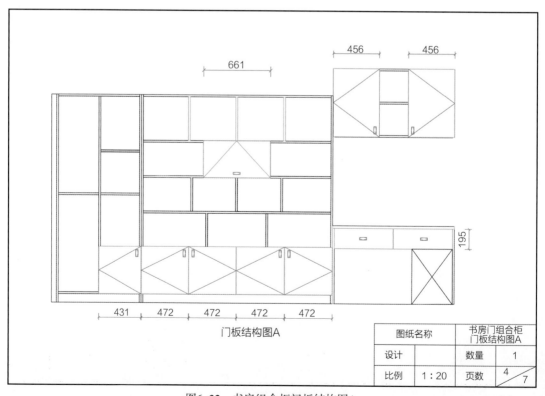

门板结构图A

| 图纸名称 | | 书房门组合柜<br>门板结构图A | |
|---|---|---|---|
| 设计 | | 数量 | 1 |
| 比例 | 1：20 | 页数 | 4／7 |

图6-22　书房组合柜门板结构图A

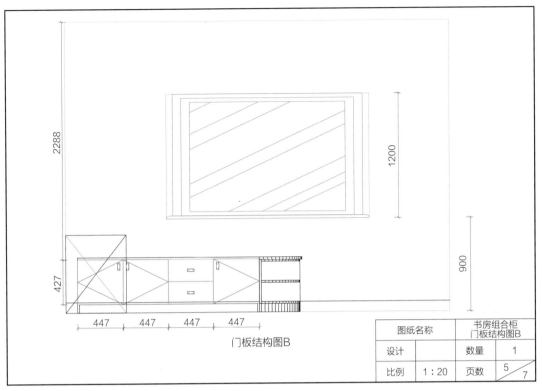

图6-23　书房组合柜门板结构图B

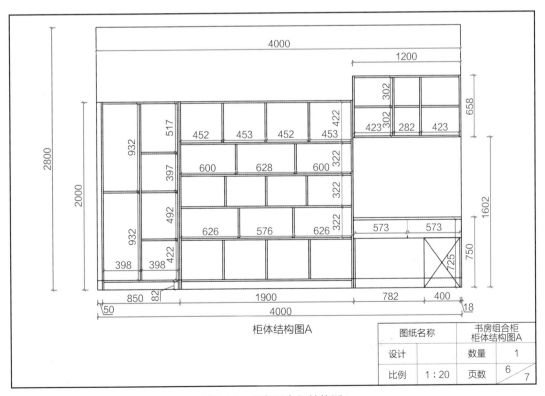

图6-24　书房组合柜结构图A

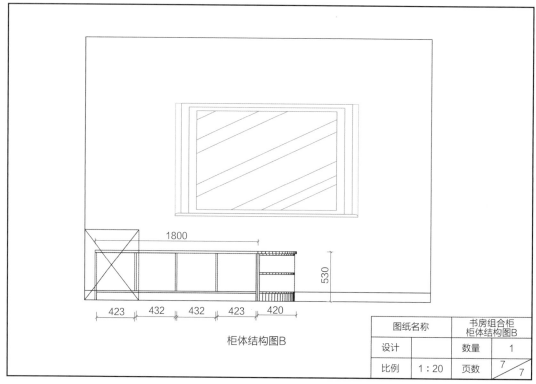

图6-25　书房组合柜结构图B

## （三）书房空间家居云效果图设计

### 1. 书房空间现代风格效果图设计

按照客户要求，书房为现代风格，本案选择灰色高光压膜PVC门板，白色烤漆柜体板，白色纽扣拉手，整体深色在下、白色在上，稳重、简约，书柜与书桌、矮柜的组合协调统一，营造了较好的学习、办公环境。选定以上元素的材质和颜色后，按照书房空间方案中给出的功能分区和尺寸造型，在家居云设计平台中，先画柜体，再画门板，后期进行装饰和灯光设计后即可出效果图，如图6-26至图6-28所示。可进一步生成全景漫游图。

扫码查看现代风格书房全景漫游图

图6-26　现代风格书房效果图（1）

图6-27　现代风格书房效果图（2）

图6-28 现代风格书房效果图（3）

## 2. 拓展——欧式及现代风格（深色）家居云效果图设计

按以上案例中户型，对书房分别进行欧式、现代风格（深色）家居云效果图设计。为供参考学习，欧式风格书房效果图如图6-29至图6-31所示，现代风格（深色）书房效果图如图6-32至图6-34所示。

图6-29 欧式风格书房效果图（1）

扫码查看欧式 扫码查看现代
风格书房全景 风格（深色）
漫游图 书房全景
漫游图

图6-30 欧式风格书房效果图（2）

图6-31 欧式风格书房效果图（3）

图6-32    现代风格（深色）书房效果图（1）

图6-33    现代风格（深色）书房效果图（2）

图6-34    现代风格（深色）书房效果图（3）

## 三、案例小结

本案例为书房组合柜柜体的设计，在该案例中主要讲了以下几个重要内容：

（1）书房组合柜的布局方式；

（2）书房组合柜收口容错方式；

（3）书房组合柜的收纳功能及尺寸；

（4）书房组合柜门板的设计方法；

（5）书房组合柜方案图纸的绘制方法。

同步练习

根据图6-35所示书房空间，设计一款书房组合柜。

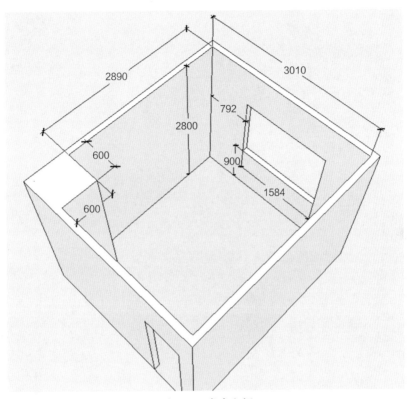

图6-35 书房空间

项目七

卧室空间家具设计

任务一

# 卧室空间概述

## 一、卧室空间的布局

　　卧室设计中，保护隐私、有利于睡眠应当是重点考虑的内容，而私密、舒适的睡眠条件又可概括为适当的通风、保持清洁、安静、保证隐私性等。适当的通风及保持清洁包括合理安装空调、减少床下物品的摆放等；自然照明包括正确预留窗帘的安装位置、选择可调节的人工照明、床避免靠近窗户等；防噪声包括有效控制房间之间的流水声、关门声音的干扰；保证隐私性包括床不要正对着房门；减少甲醛等装修污染可提高卧室空气质量。除此之外，卧室内家具之间的摆放距离要适当，要保证正常通行时没有磕碰，同时家具设计要保证门、窗能正常开启，不遮挡。

## 二、卧室家具的种类

　　卧室家具主要由衣柜、床、床头柜组成，如果空间允许，可以在卧室中放置电脑桌（梳妆台）、五斗柜及休闲椅等，有时还应考虑婴儿床的位置。随着全屋定制家具的兴起，很多家庭为了充分利用空间，通常将卧室设计为榻榻米房，兼具床、衣柜、电脑桌、梳妆台、书柜等功能，如图7-1所示。

图7-1　榻榻米房

任务二

# 卧室家具材料及五金

## 1. 气压杆

　　气压杆是一种具有支撑、缓冲、制动、高度及角度调节等功能的五金配件。气压杆由以下几部分构成：压力缸、活塞杆、活塞、密封导向套、填充物等，用于床板支撑，如图7-2所示。

### 2. 排骨架

排骨架属于现代床的构件，起到承重的作用，承托起床垫，也可以直接躺卧，也就是传统意义上的床板的一个沿革，由金属方管、曲木或者塑料材质构成。木塑排骨架如图7-3所示。

### 3. 榻榻米盖板支撑配件

榻榻米盖板支撑配件，用于榻榻米盖板的开合，有随意停的功能，起到缓冲的作用。该配件样式、种类较多，但功能相同，如图7-4所示为一种常见的榻榻米盖板支撑配件。

### 4. 榻榻米拉手

榻榻米拉手，用于榻榻米盖板之上，方便盖板的开启与关闭，通常为金属材质，采用半圆形翻转形式，如图7-5所示。

图7-2　气压杆

图7-3　木塑排骨架

图7-4　榻榻米支撑配件

图7-5　榻榻米拉手

### 5. 榻榻米升降机

定制榻榻米是现代定制家具的一种潮流，带升降台的榻榻米更是具有很高人气。现在很多人喜欢用泡茶来接待客人，在家中布置一个茶室，也就成了业主们装修时的一种品位体现。对于房屋面积较小的业主，专门设置一个茶室显然会浪费空间，然而榻榻米升降台的出现，将这个问题迎刃而解。在房间内布置一个带升降台的榻榻米，不仅提

图7-6　榻榻米升降机

高了房间的空间收纳利用率，而且家里来客人时，可将升降台升起，作茶桌使用，升降台落下可当床使用。同时，榻榻米通常会连接学习桌，这样不仅可以用作茶室、客房、书房，也可以作为孩子的活动场所，一室多用，如图7-6所示。

## 任务三

# 卧室家具功能尺寸设计原则

卧室空间中家具的尺寸至关重要，既要满足客户使用需求，又不能使卧室变得拥挤。卧室中通道、取物、打扫等至少需要910mm的宽度。

### 1. 床

床作为卧室空间的核心家具，主要分为双人床、单人床、圆床等。其尺寸选择要符合空间尺寸要求，太大会显得空间拥挤，使人产生压抑感。常见床的尺寸见表7-1。

表7-1　　　　　　　　　　　常用床尺寸

| 床 | 长度/mm | 宽度/mm | 高度/mm | 备注 |
|---|---|---|---|---|
| 双人床 | 2050~2200 | 1350~2000 | 420~440 | — |
| 单人床 | 2050~2100 | 750~1200 | 420~440 | — |
| 圆床 | 1860，2125，2424 | — | — | 直径（常用） |

现在的床都采用标准化尺寸，基本能满足消费者需求，如果有特殊需求也可以进行定制，如儿童用的上下床可根据房间尺寸进行定制。另外，在购买床时，消费者除了考虑其外观，还要考虑其是否符合人体工程学要求，从而帮助提高睡眠质量。

## 2. 床头柜

在选择床头柜时，风格应与所选床配套，主要用来放置台灯、闹钟、手机等物品，带抽屉的床头柜还可以收纳日常生活中需要用到的小物品，非常方便、实用。常见床头柜尺寸见表7-2。

表7-2　　　　　　　　　　　常用床头柜尺寸

| 卧室家具 | 宽度/mm | 深度/mm | 高度/mm |
| --- | --- | --- | --- |
| 床头柜 | 400~500 | 350~450 | 450~600 |

## 3. 衣柜

衣柜分为长衣悬挂区、短衣悬挂区、衣物折叠区、抽屉收纳区、顶部收纳区等区域，其具体尺寸参考衣帽间功能尺寸设计原则，外形尺寸见表7-3。

表7-3　　　　　　　　　　　常用衣柜尺寸

| 卧室家具 | 宽度/mm | 深度/mm | 高度/mm |
| --- | --- | --- | --- |
| 衣柜 | 900~2000 | 550~650 | 1800~2700 |

## 4. 梳妆台

梳妆台按功能和布置方式可分为独立式梳妆台和组合式梳妆台。独立式梳妆台将梳妆台单独设立，装饰效果更为突出，比较灵活、随意；组合式梳妆台是将梳妆台与其他家具组合在一起，这种形式的梳妆台适合空间较小的户型。

常见独立式梳妆台有两种形式：一种是采用大面积镜面，使梳妆者可大部分显现于镜中，并能增添室内的宽畅感，这种梳妆台总高度以镜子高为准，如图7-7所示；另一种是翻转收纳式梳妆台，镜子一面可以翻转"隐藏"，既可以当梳妆台使用，又可以办公使用，节省空间，非常适合小空间，这种梳妆台总高度即为台面高度，如图7-8所示。梳妆台尺寸见表7-4和表7-5。

图7-7　大面积镜面梳妆台

图7-8　翻转收纳式梳妆台

表7-4　　　　　　　　　　　　　梳妆台、凳标准尺寸

| 卧室家具 | 宽度/mm | 深度/mm | 高度/mm | 备注 |
|---|---|---|---|---|
| 梳妆台 | 700～1200 | 400～500 | 700～750 | — |
| 梳妆凳（长方形） | — | — | 350～450 | 5:4（比例） |
| 梳妆凳（圆形） | 400左右 | — | — | 直径（常用） |

表7-5　　　　　　　　　　　　　常用梳妆台、凳尺寸

| 梳妆台 | 常用尺寸/mm | 梳妆凳 | 常用尺寸/mm |
|---|---|---|---|
| 大 | 400×1300×700 | 方凳 | 400×400×400 |
| 中 | 400×1000×700 | 方凳 | 430×400×420 |
| 小 | 400×800×700 | 圆凳 | 400（直径） |

## 5. 五斗柜

五斗柜就是有五个抽屉的斗柜，一般放置在卧室，可分类放置零碎生活用品或衣物。造型简单、朴素且实用，尺寸可大可小，标准尺寸见表7-6。

表7-6　　　　　　　　　　　　　五斗柜标准尺寸

| 卧室家具 | 宽度/mm | 深度/mm | 高度/mm |
|---|---|---|---|
| 五斗柜 | 900～1350 | 500～600 | 1000～1200 |

### 6. 榻榻米组合家具

榻榻米组合家具用于榻榻米多功能房中，它能实现集书房、客房、休闲室、储物间等多种功能于一体。它的特点首先是时尚，使居住空间动感分明，更加人性化；其次是实用，它可以有效地增加空间的使用功能，通过改变传统布局，使房间更具立体感和层次感，有效利用空间。

榻榻米组合家具并不是一个单独的家具，它是床、衣柜、书柜、书桌、梳妆台等多种家具的组合。在功能尺寸上，除了需要满足不同种类家具的外形尺寸和内部功能外，还需要合理地对榻榻米家具进行布局，并且将以上各种功能的柜体进行合理结合。

### 🛏 任务四

# 案例分析——卧室榻榻米设计

## 一、案例导读

王××在某小区购置了一套125m²住房，户型图如图7-9所示，现在处于装修阶段。王××在家具卖场选择了某全屋定制家具品牌的设计师对主卧的家具进行设计。

## 二、卧室榻榻米设计

## （一）布局确定

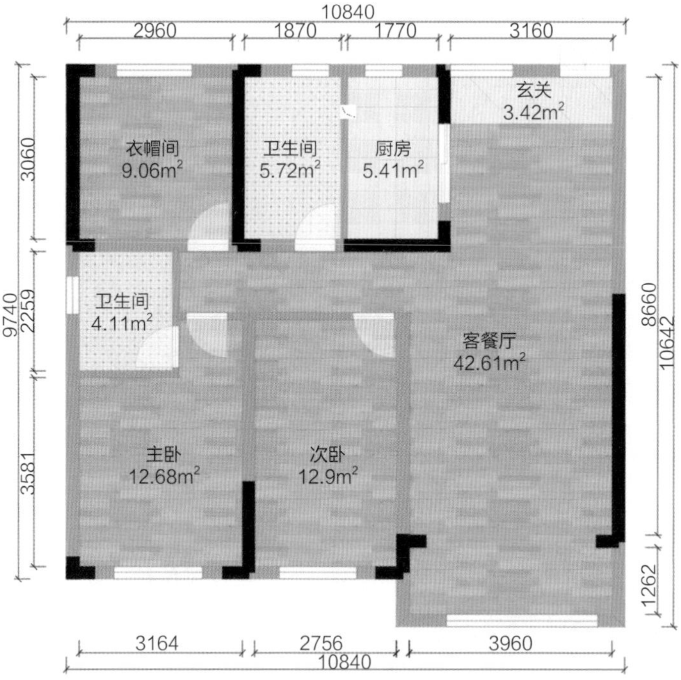

图7-9　房屋户型图

### 1. 客户需求确认

王××的主卧空间户型图如图7-10所示。主卧空间内有一个卫生间，主卧空间不大，为了增加空间的利用率和储物功能，客户欲将该空间设计成榻榻米房。

在其他房间没有办公区域，所以要在该空间中设计书桌和书柜。同时，客户要求在该空间中设计一个移门衣柜，满足放置衣物和被褥的需求。因为书桌上的吊柜空间有限，而客户家的书比较多，所以还需要再另外设计一组柜子，同时满足书和其他小摆件的收纳需求。

## 2. 工况测量

设计师对主卧空间的工况进行测量。由于客户房间还没有施工，仍然是毛坯结构，所以在定制榻榻米方案时，要注意预留电位和二层棚顶的施工空间。现场测量时除了窗洞以外，没有其他障碍物，此时采用平面测量图绘制方法即可，如图7-11所示。

窗户所在墙体的总长度为3160mm，窗户距离左侧墙体420mm，距离右侧墙体680mm。窗户距离地面的最小距离为950mm，最大距离为2350mm。窗户左侧墙体总长度为4690mm，右侧墙体总长度为3590mm。窗户对面的墙体长度为1940mm。房间的总高度为2760mm。

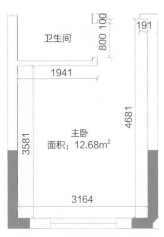

图7-10　主卧空间户型图

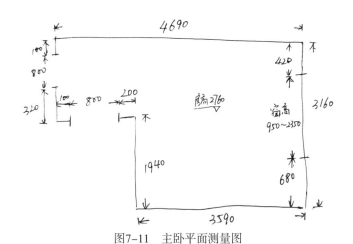

图7-11　主卧平面测量图

## 3. 功能定位与布局

根据现场的工况和客户需求，首先确定房间中的功能布局。将衣柜放置在靠窗右侧的墙体位置，落于地面上。因为窗户距离右侧墙体有680mm的空间，满足放置移门衣柜的深度尺寸要求。

将榻榻米设计在窗台下端，宽度方向贴合左侧墙体和右侧衣柜。因为是主卧空间，需满足双人使用，所以榻榻米要设计2000mm的深度尺寸。在榻榻米上端左侧靠墙的位置设计放置书和杂物的矮柜。窗户距离左侧墙体的尺寸为420mm，满足书柜的深度尺寸要求。在榻榻米的前端设计一个踏步台阶，方便客户使用，踏步台阶可以设计为抽屉形式，增加储物功能。在榻榻米与对面墙体的空隙中设计书桌与书柜。布局形式和整体尺寸如图7-12所示。

## （二）方案设计

### 1. 整体尺寸与收口容错

该空间仍为毛坯结构，在整体设计时需将每面墙体减去10mm的后期墙面处理厚度。

（1）榻榻米

榻榻米是该空间中其他家具尺寸的基础，所以首先确定榻榻米的整体尺寸。深度方向前面已经确定为2000mm，这样就可保证横向和竖向两个方向都在2000mm以上。

高度采用通用尺寸，设计为450mm。该高度包含榻榻米盖板18mm和榻榻米垫的厚度35mm。

宽度方向上，榻榻米的左侧紧贴墙体，右侧紧贴衣柜，宽度应为总尺寸3160mm，去除后期处理的厚度20mm，再去除衣柜的深度650mm，最终应为2490mm。

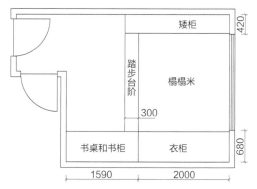

图7-12　榻榻米房功能布局设计

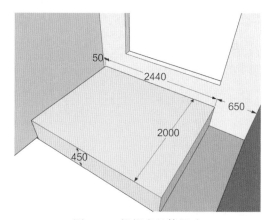

图7-13　榻榻米整体尺寸

由于榻榻米的宽度方向两侧都是紧贴物体的，所以需要预留50mm的容错空间，将这个空间放置在矮柜的下端最为合适，因为矮柜可以将缝隙上端盖住。榻榻米的正面有踏步台阶将缝隙前端遮挡，所以榻榻米宽度方向尺寸最后确定为2440mm。榻榻米的整体尺寸如图7-13所示。

（2）榻榻米衣柜

前文中已将榻榻米衣柜的深度确定为650mm的标准移门衣柜深度。其在宽度方向上应与榻榻米的深度一致，但由于衣柜的右侧靠窗，需给窗帘预留出滑道空间，所以在其右侧与墙体间预留120mm的窗帘空隙，该空隙同时可作为衣柜的宽度容错尺寸。

榻榻米衣柜的高度方向尺寸需要根据吊顶的高度来确定。房间当前还没有做吊顶，需要根据家具的方案来确定吊顶高度和深度。因为常用板材的最大幅面为2440mm，去除加工余量，衣柜柜体高度最大为2400mm，可在衣柜上端高出部分增加顶封板，高度为150mm，顶封板还有在衣柜高度方向上收口容错的作用。另外，地面找平高度和地板高度共预留60mm。

房屋的整体高度为2760mm，去除衣柜柜体高度2400mm、顶封板高度150mm和预留高度60mm，还剩余150mm，该尺寸为吊顶下吊高度。

吊顶采用二级棚设计形式，吊顶的深度与衣柜深度一致即可，设计为650mm。如图7-14所示为榻榻米衣柜及其上端吊顶的尺寸。

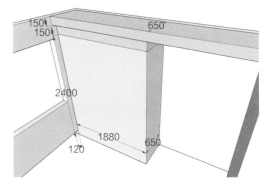

图7-14 榻榻米衣柜及其上端吊顶尺寸

（3）电脑桌

电脑桌放置在衣柜的右侧，置于衣柜和墙之间，宽度尺寸为1570mm。衣柜的左侧已经预留了容错尺寸，所以电脑桌与右侧墙体间不需要预留孔隙。电脑桌的高度设计为750mm，深度与衣柜侧板深度一致，设计为650mm。如图7-15所示为电脑桌的整体尺寸。

（4）书柜

由于电脑桌的桌面较长，上端书柜可设计为两部分，吊柜安装在墙面上，窄书柜设计在吊柜和电脑桌桌面之间。

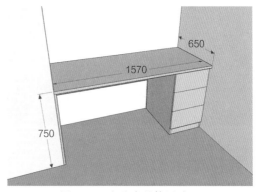

图7-15 电脑桌整体尺寸

首先确定吊柜的尺寸，吊柜的宽度与电脑桌的宽度相同，均为1570mm，深度采用标准书柜深度350mm，门板厚度20mm。高度方向尺寸没有固定要求，只要满足吊柜底端与桌面之间的空隙大于600mm即可，取可以放置两层书格的尺寸750mm，吊柜上端同样用150mm的封板，与吊顶封口，同时作为高度上的容错尺寸，则吊柜的高度确定为900mm。

中间窄书柜的高度已确定为750mm，深度为350mm。在宽度上，为了保证桌面的使用空间合理，设计为400mm。书柜具体尺寸如图7-16所示。

（5）踏步台阶

踏步台阶放置在榻榻米前端，起到阶梯的作用，高度通常为230mm。在不影响电脑桌使

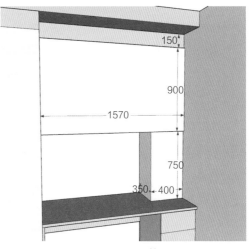

图7-16 书柜整体尺寸

用空间的前提下，设计深度为350mm，与书柜的深度相同，这样设计也保证了左侧矮柜的开放圆弧柜的弧度更加美观。

宽度方向要小于电脑桌前端到对面墙的距离，且需要预留出18mm的容错尺寸，用收口条收口，所以宽度设计为2472mm。该尺寸超出了一张板材的最大长度，需要从中点断开，用两个1236mm的台阶拼接而成，如图7-17所示。

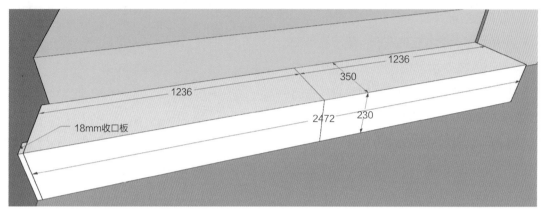

图7-17　踏步台阶整体尺寸

（6）榻榻米矮柜

踏步台阶与榻榻米在高度上不同，为了保证榻榻米矮柜上部的整体性，需要将矮柜设计为两部分，第一部分是在榻榻米上，第二部分是在踏步台阶上，然后在最上端放置一块25mm厚的整体面板即可。

榻榻米上的矮柜宽度与衣柜的宽度相同，为1880mm，右侧预留窗帘空隙。深度尺寸与书柜一致，为350mm，门板厚20mm。高度尺寸设计为700mm，需要将矮柜设计成上端放书、下端抽屉的形式，所以不宜过矮。

踏步台阶上的矮柜设计为圆弧转角的形式，避免对人体造成伤害。深度为350mm，宽度与踏步台阶的深度一致，为350mm，高度为920mm。矮柜整体尺寸如图7-18所示。

## 2. 工艺结构

（1）榻榻米

榻榻米为分体柜结构，将其分割成若干个独立箱体，采用8mm的板材作为箱体底板，夹在每一个内空之中，然后用盖板盖在箱体上端。盖板采用铰链与箱体间进行连接，方便取物，榻榻米单体柜结构如图

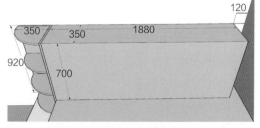

图7-18　矮柜整体尺寸

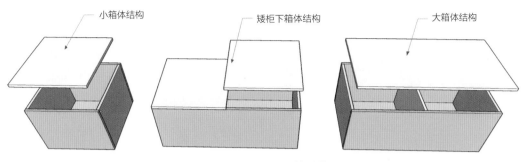

图7-19　榻榻米箱体结构

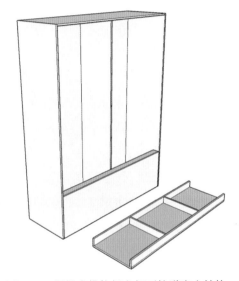

7-19所示。放置在矮柜下端的箱体一个为固定盖板，一个为活动盖板。如果盖板宽度大于800mm，则需要在箱体内增加中竖板。榻榻米的升降桌面采用电动升降机，其结构与小箱体结构相同。

（2）榻榻米衣柜

榻榻米衣柜采用推拉门形式，顶、底结构采用侧夹顶、底。但由于下端450mm的高度会被榻榻米遮挡住，需要将推拉门下滑轨安装在榻榻米高度以上，所以衣柜内采用下轨道底盒结构，如图7-20所示。

图7-20　榻榻米推拉门衣柜下轨道底盒结构

（3）电脑桌

电脑桌采用顶盖侧结构；下端三组抽屉柜采用侧夹底、薄背板插槽结构；抽屉面板采用全盖侧板形式；在柜子侧板和抽屉柜之间用一个厚背板对桌面和柜体进行加固。抽屉轨道采用阻尼托底轨。

（4）书柜

书柜采用侧夹顶和底、薄背板插槽结构，门板采用外盖形式，吊柜悬挂工艺采用吊码吊挂的方式。

（5）踏步台阶

踏步台阶采用顶盖侧板结构，下端设计踢脚板，抽屉面板采用外盖侧板和底板，且内嵌于顶板的结构，抽屉滑道应用托底轨滑道。

（6）矮柜

矮柜采用侧夹底板结构，顶板采用拉带形式。矮柜的抽屉面板采用外盖形式，滑道应用托底轨。圆弧柜采用实背板和侧板夹顶、底、搁板的结构。圆弧柜与矮柜的上方用一个25mm厚桌面板整体盖住，然后用自攻螺丝进行连接。

### 3. 收纳空间及尺寸确定

#### （1）榻榻米

榻榻米的收纳功能强大，都是箱体形式的收纳空间。根据客户需求，设计一个升降桌面，将900mm×900mm的正方形升降桌面预留在榻榻米的中间。

矮柜与榻榻米地箱的盖板尺寸关系如图7-21所示，地箱与墙体之间预留50mm空隙，且死盖板凸出矮柜前端也是50mm，死盖板的尺寸为350mm。

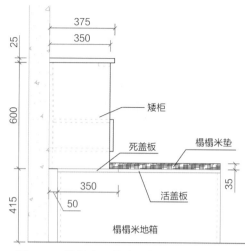

图7-21　榻榻米地箱盖板与矮柜尺寸关系

同时，榻榻米在贴近窗台的一侧需要留出50mm的填缝条，防止盖板上翻时与窗台板相撞。

依据整体尺寸和上述尺寸关系，将地箱盖板的分割尺寸计算出来，同时设计好盖板翻起的方向，如图7-22所示。

整体尺寸去除死盖板尺寸后，在升降机盖板两侧均分。在衣柜与窗户所在墙体之间，因为有设计预留窗帘盒的空隙，所以在该空隙也需要设计一个盖板。根据盖板的尺寸，可以将箱体的内部尺寸设计出来，如图7-23所示。

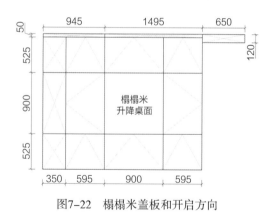

图7-22　榻榻米盖板和开启方向

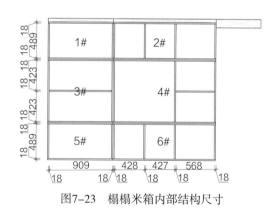

图7-23　榻榻米箱内部结构尺寸

该榻榻米共设计六组箱体。1#和5#箱体结构、大小都一致；2#和6#箱体根据盖板位置分别设计两个中竖板；3#箱的盖板过宽，所以增加一个中竖板；4#箱左侧放置升降机，右侧增加一个中立承重盖板。

窗台下50mm的填缝条处和衣柜侧边的填缝条下端不需要制作成箱体，只需裁出几根安装条，现场连接到其他箱体上就可以了。

（2）榻榻米衣柜

榻榻米衣柜的主要功能是用来放置衣物和被褥，将上端设计为两层被褥搁板区，下端由于一部分空间被榻榻米地箱挡住，不能设计搁板，只能设计为挂衣区。挂衣区可以设置偏高一些，方便使用。如图7-24所示为榻榻米衣柜收纳空间设计。

挂衣区的高度设计为1400mm，被褥区的高度则根据剩余内空的尺寸均分。因为衣柜采用移门形式，所以在衣柜中增加一个中竖板即可，中竖板和地板都向内缩进100mm，避让出推拉门的位置。将衣柜下轨道安装盒设计为535mm高度，超出榻榻米高度85mm。衣柜具体结构尺寸如图7-25所示。

| 被褥区 | 被褥区 |
| --- | --- |
| 被褥区 | 被褥区 |
| 挂衣区 | 挂衣区 |

图7-24 榻榻米衣柜收纳
空间设计

（3）电脑桌

电脑桌的收纳功能主要是放置办公、学习用品，可在电脑桌下端设计一组三抽的柜体，并将柜子放置在靠墙一侧。

该抽屉柜的宽度设计为400mm，既能满足正常的使用需求，也能保证在踏步台阶与抽屉柜之间有足够的空间放置座椅。电脑桌具体结构尺寸如图7-26所示。

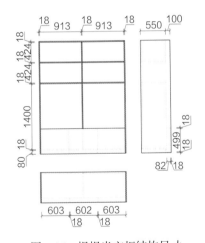

图7-25 榻榻米衣柜结构尺寸

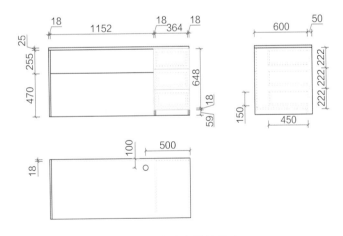

图7-26 电脑桌结构尺寸

（4）书柜

书柜的主要功能是收纳书籍。通常书的内空高度要设计在270~450mm，根据不同尺寸的书籍设计不同的高度，也可以设计活动搁板，灵活改变内空尺寸。前文中已将书柜划分为两部分，都用来收纳书籍。书柜结构尺寸如图7-27所示。

将吊柜在宽度方向上分为三部分，左右两部分采用玻璃门全盖的方式，其内部设计一层搁板，均分上下两个内空，内空高度为423mm，满足较高书籍的放置；中间柜体采用开放式的设计形式，活动搁板可以任意调节内空的高度，以满足不同尺寸书籍或者装饰品的摆放。

书桌上的书柜内空高度设计为348mm，用来放置一些常用的工具书或近期常看的书籍，随手取用，方便快捷。

（5）踏步台阶

踏步台阶上设计抽屉，在满足台阶功能的基础上，增加储物功能。踏步台阶整体宽度为2472mm，在宽度方向分为两个相同的独立柜体，每一个柜体宽度为1236mm。

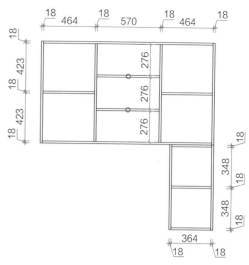

图7-27　书柜结构尺寸

抽屉面板采用全盖侧板的结构，在两个抽屉之间增加中竖板，每个中竖板和侧板之间的内空为591mm。

每一个柜体均采用踢脚板，踢脚板高度为60mm。踏步台阶上端为18mm厚顶板。抽屉面板的高度确定为152mm。

由于采用了顶板盖抽屉面板的结构，为了防止面板凸出柜体，应将侧板缩进25mm。踏步台阶结构尺寸如图7-28所示。

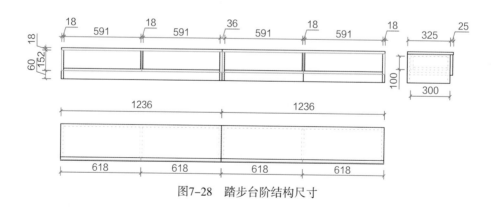

图7-28　踏步台阶结构尺寸

（6）矮柜

榻榻米上的矮柜兼具两个功能：一是放置书籍，二是抽屉收纳。其在结构上分为两部分，榻榻米上柜和踏步台阶上柜。

榻榻米上柜总体高度尺寸为700mm。在收纳功能上分为上下两个空间，下端设计抽屉，用于收纳，上端设计书格，放置书籍，根据书籍尺寸，将书格的内空高度设计为302mm。在矮柜的下端设计100mm高的踢脚板，抽屉面板的高度尺寸确定为280mm。抽屉面板盖住底板和中间隔板，所以抽屉的内空高度为244mm。

矮柜在宽度方向的整体尺寸为1880mm，其在宽度方向上等分出三个抽屉。而1880mm不能被3整除，则可以将柜体宽度尺寸设计为1878mm，2mm对整体效果和结构无特别影响，这样每一个抽屉面板的宽度确定为626mm。此时，每个抽屉的中竖板和侧板之间的内空就能计算出来。

矮柜的侧板深度设计为350mm，抽屉面板厚度为20mm。

圆弧开放柜深度与宽度都是350mm，圆弧搁板的圆弧为四分之一圆，半径为332mm。在高度方向上用两层搁板等分三个内空，每个内空高度为271mm，满足较小书籍的存放需求。

最后，在矮柜和圆弧开放柜的上端增加一个25mm厚顶盖板，使其外露部分凸出柜体25mm，保证整体美观性。矮柜结构尺寸如图7-29所示。

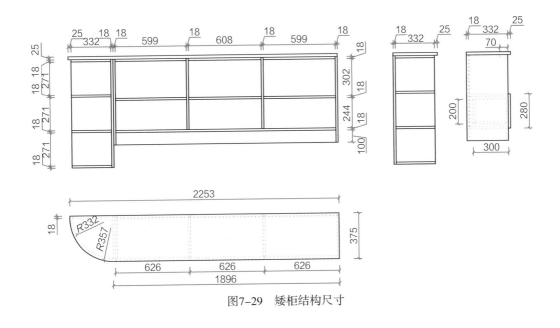

图7-29　矮柜结构尺寸

## 4. 门板、抽屉面板、顶封板尺寸确定

### （1）榻榻米衣柜

榻榻米衣柜采用移门设计形式，根据选用的移门边框不同，每一扇门的宽度也不同，根据选用移门滑道的不同，移门的高度也不同，所以只需掌握移门洞口尺寸即可，洞口高度为1847mm，宽度为1844mm。

榻榻米衣柜上端是顶封板结构，在衣柜的正面设计一块顶封板，左右两个侧面也各设计一块顶封板。正面顶封板的长度为1880mm，侧面顶封板的长度为衣柜侧板尺寸去除18mm，即632mm，高度为150mm。

（2）电脑桌和书柜

电脑桌中有三个抽屉面板，采用全盖侧板的结构，所有宽度尺寸为去除门缝后397mm。高度方向用整体高度750mm去除踢脚板高度后再三等分，再去除每个门板的门缝后确定为219mm。

书柜在吊柜上有两个玻璃门板，高度上全盖顶、底板，所以高度去除门缝后尺寸为897mm。在宽度方向上，全盖侧板和中竖板，所以宽度去除门缝后尺寸为497mm。

书柜的上端也有顶封板的设计，宽度和书柜的宽度一致，为1570mm，高度同衣柜封板高度一致，为150mm。

（3）踏步台阶

踏步台阶中有四组抽屉面板，宽度为整体的四等分，所以每个抽屉面板宽度方向去除门缝后的尺寸为615mm。高度上用整体高度去除踢脚板和顶板尺寸，去除门缝后的尺寸为149mm。

（4）矮柜

矮柜中有三组等大的抽屉，宽度方向为整体尺寸三等分，去除门缝后的尺寸为623mm。高度上，抽屉面板全盖底板和搁板，去除门缝后的高度为277mm。

最终设计方案如图7-30至图7-37所示。

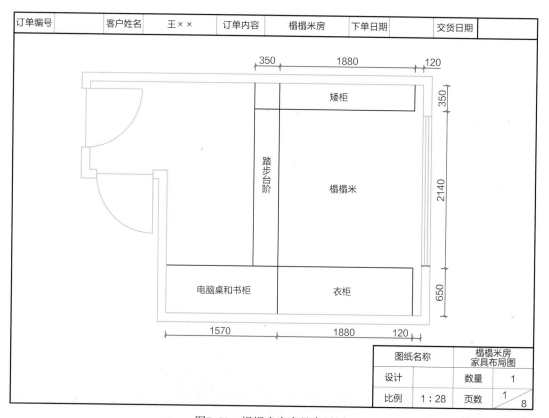

图7-30　榻榻米房家具布局图

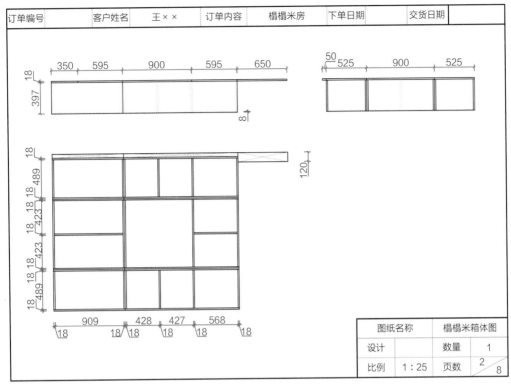

图7-31　榻榻米箱体图

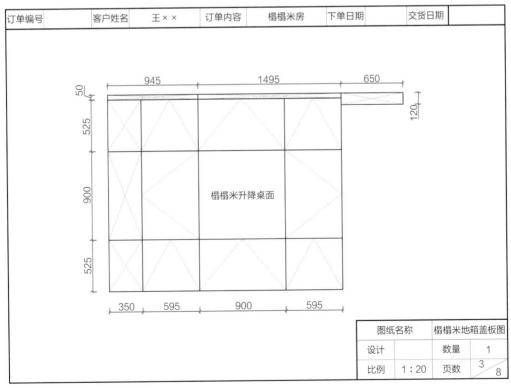

图7-32　榻榻米地箱盖板图

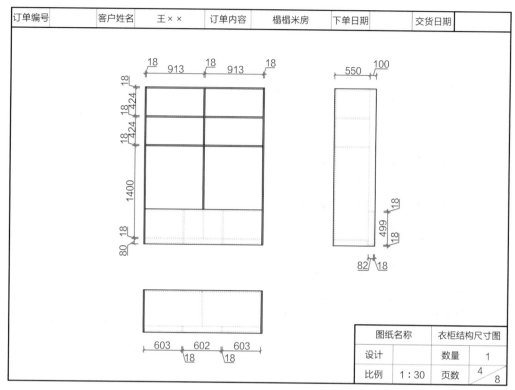

图7-33 榻榻米房衣柜

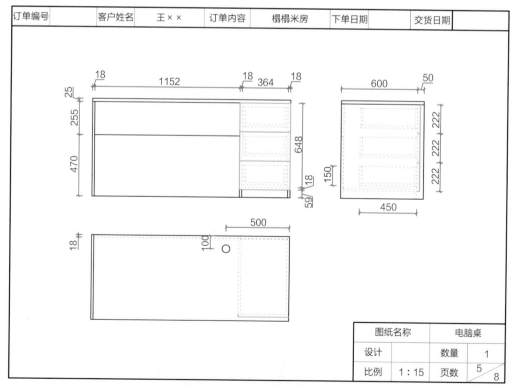

图7-34 榻榻米房电脑桌

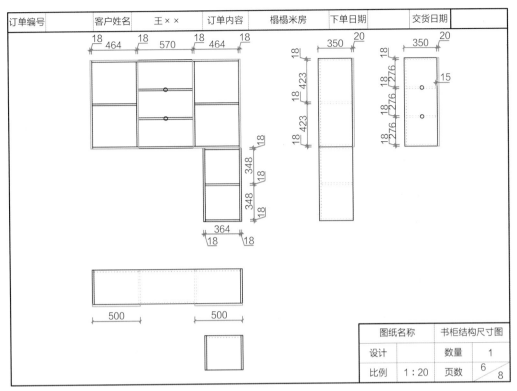

图7-35　榻榻米房书柜

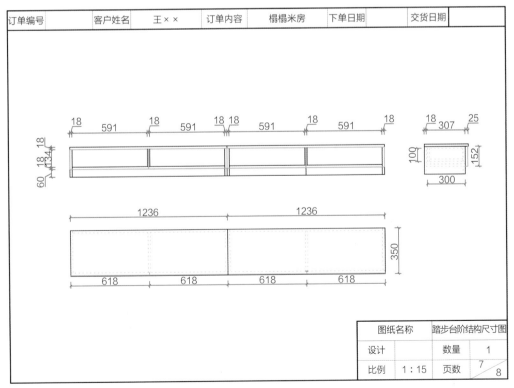

图7-36　榻榻米房踏步台阶

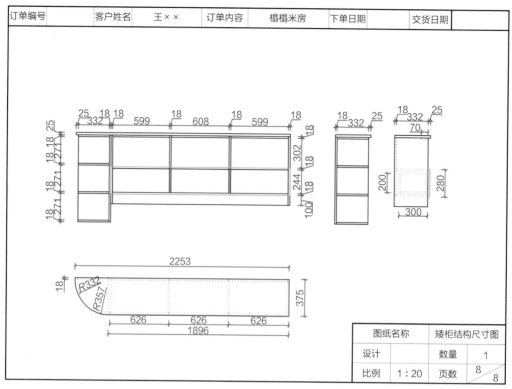

| 订单编号 | | 客户姓名 | 王×× | 订单内容 | 榻榻米房 | 下单日期 | | 交货日期 | |

| 图纸名称 | 矮柜结构尺寸图 |
| 设计 | | 数量 | 1 |
| 比例 | 1：20 | 页数 | 8/8 |

图7-37　榻榻米房矮柜

## （三）榻榻米效果图设计

### 1. 北欧风格榻榻米效果图设计

　　按照客户要求，榻榻米为北欧风格，本案使用白色亚光PVC模压板柜门，白橡木柜体。衣柜采用白色百叶趟门，书柜上方柜体使用白色边框玻璃门。原木色白橡木的大量使用呈现一种自然朴实的格调，白色展现出清新、简洁，两者巧妙结合，凸显客户崇尚自然、热爱生活。按照之前完成的榻榻米方案，在家居云设计平台中，先画地台、书桌和柜体，再画门板，后期进行装饰和灯光设计后即可出效果图，如图7-38至图7-40所示。可进一步生成全景漫游图。

扫码查看北欧
风格榻榻米
全景漫游图

### 2. 拓展——欧式及新中式风格家居云效果图设计

　　按以上案例户型，对卧室分别进行欧式、新中式风格榻榻米效果图设计。供大家参考学习，欧式风格效果图如图7-41至7-43所示，新中式风格效果图如图7-44至7-46所示。

扫码查看欧式
风格榻榻米全
景漫游图

扫码查看新中
式风格榻榻米
全景漫游图

图7-38　北欧风格榻榻米效果图（1）

图7-39　北欧风格榻榻米效果图（2）

图7-40　北欧风格榻榻米效果图（3）

图7-41　欧式风格榻榻米效果图（1）

图7-42　欧式风格榻榻米效果图（2）

图7-43　欧式风格榻榻米效果图（3）

图7-44　新中式风格榻榻米效果图（1）

图7-45　新中式风格榻榻米效果图（2）

图7-46　新中式风格榻榻米效果图（3）

## 三、案例小结

本案例为典型北欧风格的榻榻米房设计，该案例中主要介绍了以下几个重要内容：

（1）榻榻米房空间的布局方法；

（2）带升降机榻榻米箱体结构尺寸及容错方式；

（3）榻榻米房衣柜的结构尺寸及容错方式；

（4）榻榻米上矮柜的结构尺寸及容错方式；

（5）榻榻米房书桌和书柜的结构尺寸及容错方式；

（6）榻榻米踏步台阶的结构尺寸与容错方式；

（7）榻榻米房家具与空间装修的配合方式。

# 同步练习

根据图7-47所示平面户型图，完成该空间榻榻米房设计。

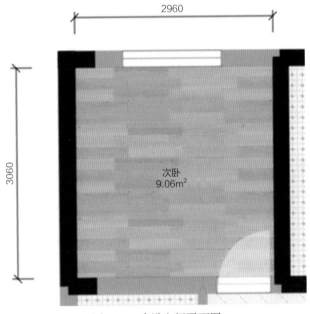

图7-47　次卧空间平面图

# 项目八
## 阳台空间家具设计

任务一

## 阳台空间概述

### 一、阳台空间的布局

　　阳台一般都与客厅相连，向外自然延伸。在北方地区，由于冬季时间长、气温低等原因，多将阳台用玻璃封闭，将其融入客厅，既起到保温作用，同时也能扩大客厅面积；而在南方地区，多将阳台和客厅分开，作为一个单独的空间，在客厅和阳台的交界处装上推拉门隔断，客厅内装上落地帘，将阳台和客厅完美分开。

### 二、阳台的设计形式

　　阳台空间不仅是晾晒衣服的地方，也可以把它打造成对外的休闲花园、洗衣间、休闲室或者书房等实用空间。

#### 1. 阳台洗衣间

　　阳台洗衣间多采用靠边式设计。干净、清爽的蓝色系马赛克，精致地将阳台洗衣房操作区域表面覆盖，剩余的白色墙体以及下水管用海蓝色油漆粉刷，营造出如海水般清澈的视觉氛围，顶部采用可升降晾衣架，能够灵活运用阳台空间，使晾晒衣物更加便捷，如图8-1所示。集美观、舒适和便捷于一体的白色橱柜简单而典雅，一体成型台面容易清理，不易留水渍，如图8-2所示。

#### 2. 休闲花园

　　将阳台用围栏防护起来，外形设计成波浪形或直线形，选择一些既美观生命力又强的植物，再搭配浅色休息椅，营造出沐浴阳光、融入自然的亲切、休闲氛围，如图8-3所示。

图8-1　阳台洗衣间（1）

图8-2　阳台洗衣间（2）

### 3. 休闲室

采用阳台飘窗或榻榻米设计，营造与整体空间统一的设计风格，稳重的实木本色搭配白色，使整个空间更加温馨、淡雅。学习、休闲、收纳多功能一体的设计非常适合小户型。另外，纱帘的设计既美观又实用，进一步增添了空间的舒适感，如图8-4和图8-5所示。

图8-3　休闲花园

图8-4　阳台榻榻米

图8-5　阳台飘窗

### 4. 书房

如果阳台面积允许，则非常适合设计成书房。作为与外界最先接触的地方，阳台更亲密地接触自然和太阳的光与热，最大限度地利用太阳光。阳台化身为书房，最重要的是保暖、隔音和通透。窗户尽量选择双层，阳台门的设计既要隔音又要通透。隔绝家人可能制造的噪声，全身心融入书房静谧的环境。尽可能不要阻挡室内取光，不然小户型家装会显得空间局促，缺乏美观。阳台书房如图8-6所示。

图8-6　阳台书房

## 任务二

# 案例分析——飘窗组合柜设计

## 一、案例导读

赵××在某小区购置了一套128m²住房，户型图如图8-7所示，现在处于装修阶段，赵××欲在主卧阳台空间设计一套阳台飘窗组合柜。

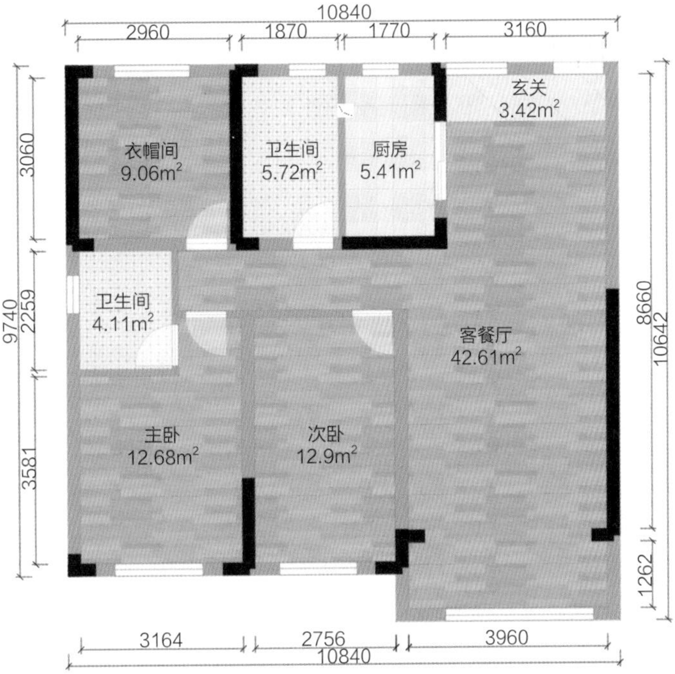

图8-7　房屋户型图

## 二、飘窗组合柜设计

### （一）布局确定

#### 1. 客户需求确认

赵××的主卧空间户型如图8-8所示。在窗前设计一组飘窗组合柜，窗户两侧放置书柜，窗户下端设计飘窗柜，放置海绵垫，用于看书、休闲。组合柜将窗户包围，柜体高度做到吊顶，整体的设计风格采用浅色欧式风格，并增加欧式装饰部件。

#### 2. 工况测量

设计师对卧室窗户位置的工况进行测量。

首先进行测量图的绘制，该飘窗柜涉及的三面墙体中，只有窗口和右侧墙体上端的插座是影响飘窗柜设计的障碍物，所以采用透视测量图绘制法可以表现出完整的空间状况。

绘制测量图后，首先采用三点测量的方法测量窗户所在墙面的长度尺寸分别为3165mm、3160mm、3160mm，最终取最小值作为空间的宽度尺寸。然后采用多点测量的方法测量地面到吊顶的高度尺寸，取最小值2520mm。最后测

图8-8　主卧空间户型图

量墙体之间的角度是否为90°。该工况的测量图如图8-9所示。

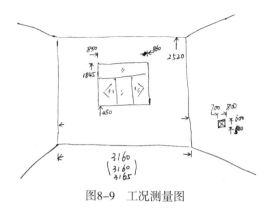

图8-9 工况测量图

窗洞距离地面的尺寸最低点为450mm，最高点为1845mm，距离左侧墙体最小尺寸为850mm，距离右侧墙体最小尺寸为860mm。

插座距离窗户所在墙的最小距离为700mm，并不影响飘窗柜的设计。

### 3. 功能定位与布局

根据客户需求和墙面的测量尺寸，确定在此空间内设计一款一字形布局的飘窗柜。墙体两侧和柜体之间的空隙采用罗马柱收口，柜体与吊顶之间采用帽线收口。

## （二）方案设计

### 1. 整体尺寸与收口容错

窗户所在墙体的整体高度尺寸为2520mm。为保证容错尺寸，将飘窗柜的整体高度设计为2500mm，上端留有20mm的容错尺寸。而2500mm的整体高度中包括飘窗柜柜体高2400mm和帽线高100mm。

窗户所在墙体的整体宽度尺寸为3160mm。为保证容错尺寸，将飘窗柜的整体宽度设计为3150mm，在右侧预留10mm的容错尺寸。

飘窗柜的深度取决于两个因素：第一是左右两侧书柜的深度，通常书柜设计的深度尺寸是450mm左右；第二是中间飘窗柜的深度，因为客户要在柜面上坐卧休息，所以需要将深度尺寸做成500~600mm。再结合卧室整体尺寸，最终将飘窗柜的整体深度尺寸设计为550mm。

结合整体尺寸和空间布局，在窗户左右两侧分别设计两个高柜，高柜两侧分别设计罗马柱装饰，然后在窗户下端设计飘窗柜，在窗户上端设计两组吊柜。

首先确定每一组柜体的宽度尺寸。窗户左右两侧的墙体宽度为850mm和860mm，将左右两侧的柜体宽度设计成700mm，且柜体两侧均有50mm宽的罗马柱装饰，飘窗柜宽度则为1550mm。两组吊柜中间增加一个50mm宽的罗马柱，则单个吊柜宽度为750mm。

再确定每一组柜子的高度尺寸，左右两侧的柜体高度均为2400mm。飘窗柜高度低于窗口50mm左右，设计高度为355mm。吊柜底端与窗口留出50mm，所以吊柜的高度为505mm。

每一个单体柜的尺寸如图8-10所示。

## 2. 工艺结构

（1）顶、底、侧工艺结构

两侧书柜的高度均在视平线之上，所以采用侧板夹顶板的工艺结构；中间飘窗柜高度在视平线之下，采用顶板盖侧板的结构；吊柜顶板也在视平线之上，所以采用侧板盖顶板的结构。

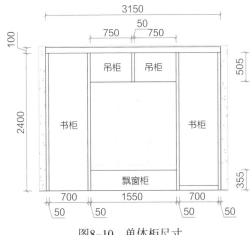

图8-10 单体柜尺寸

因为书柜和飘窗柜的下端为踢脚板，所以底板采用侧板夹底板的工艺结构。吊柜为两个分体柜，中间还夹着罗马柱，所以采用侧板夹底板的结构即可，为保证美观性，在吊柜下端增加一个外露封板。

（2）背板工艺结构

因为柜体的深度为550mm，且为小尺寸单体柜，所以背板采用厚度5mm的薄背板较为适合，可设计为插槽背板工艺。同时，考虑左右两侧书柜柜体较高，薄背板较软，所以在背板后增加背拉带组成背板组工艺。

（3）脚线工艺结构

因为采用的是薄背板，所以脚线设计为前后踢脚板工艺。由于脚线较短，无须增加脚线加固板。

（4）抽屉工艺结构

该飘窗柜设计时为体现门板的不同比例，同时增加不同的储物方式，所以将书柜下端和飘窗柜下端设计为抽屉，将抽屉面板设计成外盖形式。抽屉采用阻尼托底轨道，增加抽屉的承重。

## 3. 收纳空间及尺寸确定

左右两侧书柜设计为上下三层结构，下端两组抽屉，中间一组书柜，上端设计一个储物柜。窗户下端飘窗柜较宽，所以设计成水平的两组抽屉。窗户上端吊柜设计成两组储物柜。飘窗组合柜的功能区如图8-11所示。

首先确定窗台下方飘窗柜的内部结构尺寸，柜体的总高度为355mm，上面采用25mm厚的顶板，底端踢脚板高度为

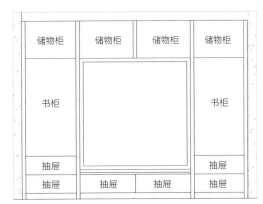

图8-11 飘窗组合柜功能区

80mm，中竖板分割左右两个内空空间。飘窗柜结构尺寸如图8-12所示。

　　窗台上方吊柜的总高度是505mm，宽度尺寸为750mm。因吊柜仅用于储物，所以不需要增加搁板或中竖板，其结构尺寸如图8-13所示。

　　窗台左右两侧的高柜内部设计成相同的结构，在外观形态上保证对称性。为保证整体协调，高柜上端部分的门板尺寸和吊柜高度一致，高柜下部底端抽屉面板的高度与飘窗柜一致。上门板与中间门板各盖住搁板的一半，中间门板与抽屉面板各盖住搁板的一半，中间内空根据书格的高度进行分割。高柜的最终内部结构尺寸如图8-14所示。

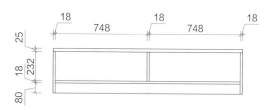

图8-12　飘窗柜结构尺寸

## 4. 门板、抽屉面板、罗马柱和帽线尺寸确定

### （1）飘窗柜

　　飘窗柜的抽屉面板为全盖底板，嵌于底板下方，去除抽屉缝后的高度尺寸为247mm。

　　飘窗柜抽屉面板在宽度方向全盖两个侧板，且两个抽屉大小相同，所以每个抽屉面板去除抽屉缝后的宽度尺寸为772mm。

### （2）吊柜

　　吊柜的门板全盖顶、底板，去除抽屉缝后的高度尺寸为502mm。

　　宽度方向全盖两个侧板，且两个吊柜大小相同，所以每个吊柜门板去除门缝后的宽度尺寸为372mm。

### （3）高柜

　　高柜抽屉面板的高度同飘窗柜的高度一致，去除抽屉缝后的尺寸为247mm。上端

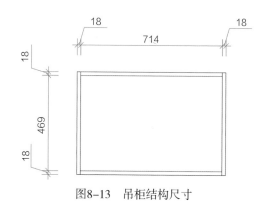

图8-13　吊柜结构尺寸

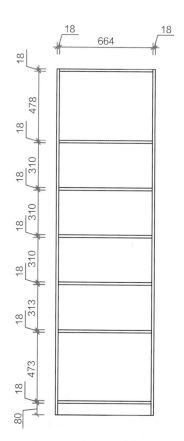

图8-14　高柜结构尺寸

储物柜门板高度同吊柜门板高度一致，去除门缝后的尺寸为502mm，所以剩余的中间门板尺寸为1315mm，去除门缝后的尺寸为1312mm。

在宽度方向上，由于是对开门，所以门板宽度去除门缝后的尺寸为347mm，抽屉面板去除门缝后的宽度为697mm。

（4）罗马柱

罗马柱采用落地的形式，所以高柜两侧的罗马柱高度为2400mm。吊柜上单独的一个罗马柱高度同吊柜高度一致，为505mm。罗马柱的宽度均采用50mm通用尺寸。

（5）帽线

帽线高度为100mm，长度根据柜体的长度确定，柜体总长度为3150mm。但因一根帽线的最大长度为2400mm，所以需要将帽线从中间罗马柱与门板缝隙的位置断开，一段为1550mm，另一段为1600mm。

最终门板、抽屉面板、帽线和罗马柱尺寸如图8-15所示。

最终设计方案如图8-16所示。

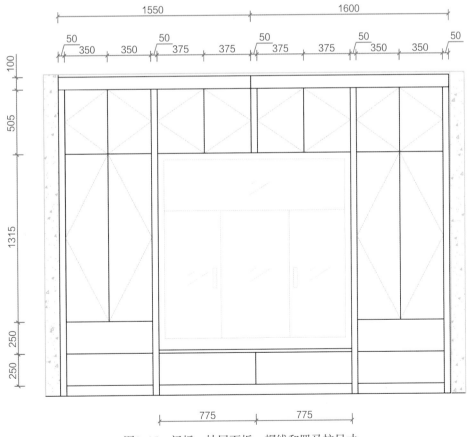

图8-15　门板、抽屉面板、帽线和罗马柱尺寸

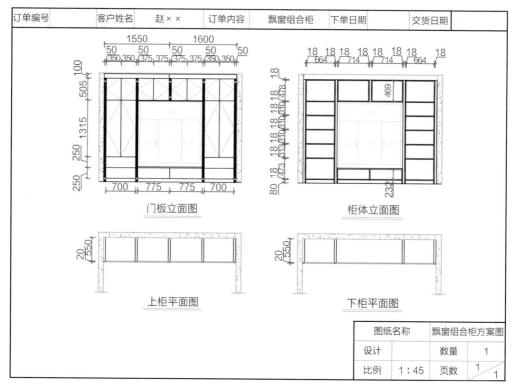

图8-16　飘窗组合柜最终方案图

## （三）阳台飘窗柜家居云效果图设计

### 1. 欧式风格飘窗柜效果图设计

　　按照客户要求，飘窗柜为欧式风格，本案使用白色高光烤漆门板，罗马柱、顶线、踢脚板均为同样材质和颜色，整体感觉华丽、整洁。飘窗柜两侧大柜体采用玻璃柜门设计，更显通透；飘窗垫和抱枕以粉色点缀，打破了严肃的氛围，融入了活泼和亲切感。确定以上内容后，按照之前完成的电视柜方案，在家居云设计平台中，先画柜体，再画门板，后期进行装饰和灯光设计后即可出效果图，如图8-17和图8-18所示。可进一步生成全景漫游图。

扫码查看欧式
风格飘窗柜
全景漫游图

### 2. 拓展——欧式（原木色）及北欧风格家居云效果图设计

　　按以上案例中户型，对卧室飘窗柜分别进行欧式（原木色）、北欧风格家居云效果图设计。供大家参考学习，欧式风格（原木色）效果图如图8-19至图8-21所示，北欧风格效果图如图8-22和图8-23所示。

扫码查看欧式
风格（原木色）
飘窗柜全景漫
游图

扫码查看北欧
风格飘窗柜
全景漫游图

图8-17　欧式风格飘窗柜效果图（1）

图8-18　欧式风格飘窗柜效果图（2）

图8-19　欧式风格（原木色）飘窗柜效果图（1）

图8-20　欧式风格（原木色）飘窗柜效果图（2）

图8-21　欧式风格（原木色）飘窗柜效果图（3）

图8-22　北欧风格飘窗柜效果图（1）

图8-23　北欧风格飘窗柜效果图（2）

## 三、案例小结

本案例为典型欧式风格的一字形飘窗组合柜设计案例，在该案例中主要讲了以下几个重要内容：

（1）飘窗组合柜整体尺寸预留；

（2）飘窗组合柜的收口容错方式；

（3）飘窗组合柜的功能设计和尺寸确定；

（4）欧式衣柜帽线和罗马柱的设计方法；

（5）门板、抽屉面板、罗马柱和帽线的尺寸确定方法；

（6）飘窗组合柜方案图纸的绘制方法。